PORSCHE

DIE SERIENFAHRZEUGE VON DEN ANFÄNGEN BIS HEUTE

Joachim M. Köstnick

Motor buch Verlag

Einbandgestaltung: Luis Dos Santos

Bildnachweis: Die zur Illustration dieses Buches verwendeten Aufnahmen stammen – wenn nicht anderes vermerkt ist – aus dem Archiv der Dr. Ing. h.c. F. Porsche AG.

ISBN: 978-3-613-04435-7

2. Auflage 2022

Sie finden uns im Internet unter WWW.MOTORBUCH-VERLAG.DE

Lektorat: Joachim Kuch / Georg Otto
Innengestaltung: Sven Rauert
Druck und Bindung: Graspo CZ, 76302 Zlin
Printed in Czech Republic

Vorwort

Der hier abgebildete 1964er Porsche 356 SC gehörte einst Janis Joplin. Als die im Sommer 1970 »Oh Lord won't You buy me a Mercedes Benz« sang, war sie schon ein paar Jahre mit dem offenen Porsche durch Kalifornien gefahren. »My friends all drive Porsches« lautet die zweite Zeile in dem Song, mit dem sie den eingangs geäußerten Wunsch begründete. In Wahrheit ging es in dem Lied aber gar nicht um Autos, sondern um die Erkenntnis, dass Glück nicht durch Reichtum und Besitz zu erlangen ist – ganz normale Konsumkritik in der Hippie-Ära also.

Zwei Geschichten sollen hier noch kurz zu Ende erzählt werden, und zwar die von dem Auto und die von dem Song. Den Porsche hatte Janis Joplin 1968 für 3500 Dollar gebraucht gekauft und von ihrem Roadie Dave Richards für 500 Dollar bemalen lassen. Danach wurde der Wagen als »History of the universe«-Porsche bekannt, und zwar – Entschuldigung – bekannt wie ein bunter Hund. Zumindest in Kalifornien, denn Janis fuhr im Alltag ständig mit ihm durch die Gegend. 1969 wurde ihr der Porsche geklaut und neu lackiert, kam aber wieder zur Besitzerin zurück. Zum Glück konnte die Bemalung unter dem neuen Lack wieder freigelegt werden, und Janis fuhr ihn noch bis an ihr Lebensende. Danach wurde er ein weiteres Mal neu lackiert, dann wieder nach Original-Bildern neu bemalt und stand schließlich 20 Jahre lang in der Rock and Roll Hall of Fame, bis er Ende 2015 für 1,76 Millionen Dollar versteigert wurde.

Die zweite Geschichte ist die von dem eingangs erwähnten Song, in dem die Sängerin höheren Orts um einen Mercedes bittet. Kurz ist sie, die Entstehungsgeschichte dieses Songs: Im Sommer 1970 erzählt sie Freunden in einer Bar von einem von Michael McLure geschriebenen Song, in dem es heißt: »Come on God and Buy Me a Mercedes Benz«. Sie singt, die Freunde stampfen mit ihren Biergläsern einen

Der »History of the universe«-Porsche von Janis Joplin.

Rhythmus auf den Tresen, Janis improvisiert einen neuen Text, und schon am Abend erzählt sie ihrem Publikum im Capitol Theatre in New York von dem Nachmittag in der Bar. Sie stampft den Rhythmus mit dem Fuß und beginnt a capella zu singen. Einen Monat später singt Janis Joplin den Song genau ein Mal im Studio für ihr neues (und letztes) Album »Pearl«, drei Tage später stirbt sie an einer Überdosis Heroin. Vor dem Landmark Motel in Hollywood, in dem sie gefunden wird, steht ihr »History of the universe«-Porsche.

Die Autos, um die es in diesem Buch geht, sind längst nicht so berühmt, aber der Bekanntheitsgrad der Marke, ihrer Modelle und Typen dürfte den von Janis Joplins Porsche noch deutlich übertreffen. In diesem Buch soll weder die Geschichte des Sportwagenbauers aus Zuffenhausen noch die technische Entwicklung seiner Typen und Modelle detailliert wiedergegeben werden, es wird lediglich der Versuch unternommen, mit einer Auswahl weit überwiegend aus dem Porsche-Archiv stammender Bilder und kurzen Erläuterungen ein wenig von dem einzufangen, was die Faszination Porsche ausmacht. Und für mich gehört ganz wesentlich zu dieser Faszination, wie Porsche beharrlich versucht, letztlich Unvereinbares unter einen Hut zu bringen: Kompromisslose Sportlichkeit einerseits und größtmöglichen Komfort sowie uneingeschränkte Alltagstauglichkeit andererseits. Und deshalb habe ich dieses Vorwort auch mit Janis Joplin begonnen, denn – wohl wissend, dass ich hier nur gängige Klischees aufrufe – Mercedes Benz stand für mich immer für gediegenen Luxus und Komfort, Porsche für Sportlichkeit. Dabei wird jeder, der einmal in einem Panamera Turbo S E-Hybrid Platz genommen hat, bescheinigen können, wie unermüdlich und wie erfolgreich Porsche daran arbeitet, die Grenzen zwischen diesen Gegenpolen zu verwischen. Also machen Sie es sich in Ihrem Sessel gemütlich und blättern Sie entspannt (und nicht zu schnell!) durch die Modellgeschichte des Sportwagenbauers aus Zuffenhausen.

Joachim M. Köstnick

356 PRE-A

356/1

Der erste Porsche wurde 1948 im österreichischen Gmünd fertiggestellt. Es handelte sich um einen zweisitzigen Roadster mit Mittelmotor, der Vierzylinder-Boxer war vor der Hinterachse eingebaut und leistete 35 PS. Er stammte wie das Getriebe und einige Fahrwerkskomponenten von Volkswagen, war jedoch in der Leistung um 10,5 PS gesteigert. Die Karosserie war aus Aluminium gefertigt und wurde von einem Gitterrohrrahmen getragen, der Roadster besaß nicht mehr als ein Notverdeck. Der 356/1 blieb ein Einzelstück.

356/2

Nach dem 356/1 wurden in Gmünd noch 52 Fahrzeuge des Typs 356/2 gebaut. Der 356/2 war ein Coupé mit Heckmotor und leistete bereits 40 PS, seine Karosserie war wiederum aus Aluminium, der Kastenrahmen aus Stahlblech. Das Alu-Blech für die Karossen stammte von abgewrackten Weltkrieg-II-Flugzeugen. Dank der Verlagerung des Motors ins Heck gab es im Innenraum mehr Platz, wie der 356/2 auch insgesamt etwas alltagstauglicher geriet und etwas mehr Komfort aufwies als sein Vorgänger. Acht Exemplare des 356/2 wurden als Cabriolet gefertigt.

356 1100

Am Gründonnerstag 1950 rollte der erste in Deutschland gefertigte Porsche auf die Straße, angetrieben von einem 1086 ccm großen Motor mit 40 PS. Allerdings rollte er noch nicht aus dem Porsche-Werk, das zu dieser Zeit noch von den Amerikanern mit Beschlag belegt war, sondern aus einer angemieteten Halle des gegenüberliegenden Werks der Karosseriefirma Reutter, die die Rohkarosserie geliefert hatte und dann auch wenig später den Auftrag zum Bau von weiteren 500 Stahlkarosserien für den 356 erhielt. Die Stahlblechkarosserie des zunächst ausschließlich gebauten 1100ers war mit dem Rahmen der Bodengruppe verschweißt, die Windschutzscheibe zweigeteilt mit einem Steg in der Mitte. Serienmäßig verfügte der Wagen über ein Armaturenbrett aus Blech, in Wagenfarbe lackiert und völlig ungepolstert, sowie über eine Sitzbank vorn: Einzelsitze gab es nur auf Wunsch. (Not-)Sitze in der zweiten Reihe gab es noch nicht.

356 1300

Der 356 1300 wurde 1951 auf der Automobilausstellung in Frankfurt präsentiert, die damals noch im Frühjahr stattfand. Größerer Hubraum und einige Änderungen in technischen Details mündeten in einer Leistungssteigerung um 4 PS und geringfügig besseren Fahrleistungen. Nachdem der 1100 nur bis Ende 1954 gebaut wurde, war ab 1955 der 1300er das Einstiegsmodell, das in diesem Jahr mit einem neuen Motor mit einem Bohrung-Hub-Verhältnis von 74,5 × 74 mm auf den Markt kam. Waren bislang hinter dem Dreispeichenlenkrad stets Tachometer und Uhr als Rundinstrumente zu finden, so war jetzt wahlweise statt der Uhr auch ein Drehzahlmesser erhältlich. Mit dem Modelljahr 1953 erhielt der 356 eine sogenannte »Knickscheibe«, eine einteilige Windschutzscheibe mit einer senkrechten Kante in der Mitte. Außerdem wurde der 2-Sitzer zum 2+2-Sitzer.

356 1500

Ab Oktober 1951 gab es den 356 auch mit 1500-ccm-Motor, Sport-Nockenwelle und rollengelagerten Pleueln. Der 1500er leistete beachtliche 60 PS, die für eine Höchstgeschwindigkeit von 170 km/h ausreichten. Damit war der 356 1500 das seinerzeit schnellste Serienfahrzeug Deutschlands. Seine Windschutzscheibe war jetzt einteilig, besaß aber in der Mitte noch immer einen Knick. Ab 1953 gab es den 1500er-Motor in einer zweiten Variante mit 5 PS weniger, dafür aber insgesamt durchzugsstärker ausgelegt. Alle 356-Modelle verfügten ab dem Modelljahr 1953 über ein synchronisiertes Schaltgetriebe und eine verbesserte Bremsanlage. Und das ebenfalls neue Zweispeichenlenkrad wurde jetzt mit dem neu entworfenen Porsche-Wappen geschmückt.

1950 wurden die ersten 356 in Deutschland gebaut, zunächst ausschließlich mit 1100-ccm-Motoren bestückt.

Ab Frühjahr 1951 gab es den 356 dann auch mit 1300er-Motor, ...

Vom 356/2 wurden dann schon 52 Exemplare gebaut, 44 als Coupé und acht als Cabrio.

... und noch im Herbst des gleichen Jahres erfolgte die Einführung des Modells mit 1500-ccm-Motor.

Der erste Porsche, der 356/1, entstand im österreichischen Gmünd als zweisitziger Roadster. Er blieb ein Einzelstück.

Als Cabrio verfügte der 356 über ein gefüttertes Stoffverdeck mit einer flexiblen Kunststoff-Heckscheibe.

Die ersten ihrer Art trugen den Schriftzug »Speedster« stolz auf dem Kotflügel über der Zierleiste. Dieser 356 1500 aus dem Porsche-Museum war wie alle anderen Speedster-Varianten auch hauptsächlich fürs Offen-Fahren gedacht.

356 PRE-A

Vom 356 Speedster gibt es wohl nicht allzu viele Bilder, die ihn mit geschlossenem Verdeck zeigen. Kann man irgendwie verstehen ...

356 1500 America Roadster

Mit einem Leergewicht von nur 605 Kilogramm erreichte der 356 America Roadster die beachtliche Höchstgeschwindigkeit von 180 km/h. Der Wagen verfügte über eine besonders leichte Aluminium-Karosserie, die von der Firma Heuer gefertigt und abgesehen vom Frontbereich eigens für diesen Wagen gestaltet wurde. Weitere Gewichtsersparnis brachten leichte Schalensitze und seitliche Steckscheiben sowie ein ungefüttertes Notklappverdeck mit Kunststoffheckscheibe, das als Schutz bei schlechtem Wetter ausreichen musste. Der 1,5-Liter-Motor sorgte mit seinen 70 PS in Verbindung mit dem geringen Fahrzeuggewicht für seinerzeit wahrlich beeindruckende Fahrleistungen. Von diesem speziellen Roadster wurden nur 21 Exemplare gebaut.

356 1500 S

Das neue Spitzenmodell aus dem Hause Porsche war ab dem Modelljahr 1953 der 356 1500 S (S = Super), dessen Vierzylinder-Boxer dank größerer Vergaser und einer höheren Verdichtung stolze 70 PS leistete. Wie alle anderen Modelle ab dem Modelljahr 1953 verfügte auch der 1500 S über ein von Porsche entwickeltes Schaltgetriebe mit Ringsynchronisierung. Eine weitere wichtige Neuerung, die ab 1953 bei allen Modellen Einzug hielt, bestand in einer verbesserten Bremsanlage: Der Trommeldurchmesser war von 230 auf 280 mm vergrößert worden, die Breite der Bremsbeläge von 30 auf 40 mm. Ab Juni 1994 war das Coupé auf Wunsch auch mit einem manuell zu betätigenden Schiebedach erhältlich.

356 1300 S

Im Modelljahr 1954 brachte Porsche den 356 1300 S auf den Markt, der über einen neuen Motor mit 1290 ccm Hubraum und rollengelagerter Hirth-Kurbelwelle verfügte. Das Aggregat leistete immerhin 60 PS und verhalf dem 1300 S zu einer Höchstgeschwindigkeit von 160 km/h. Das Coupé verfügte über ein festes verschweißtes Stahldach, ab Mitte 1954 war auf Wunsch ein Schiebedach erhältlich. Das Cabriolet war mit einem gefütterten Stoffverdeck ausgestattet, in das eine große, flexible Kunststoffheckscheibe eingelassen war.

356 1500 (S) Speedster

Mit seinem Notverdeck, das deutlich weniger Kopffreiheit bot als das Stoffdach des Cabriolets, war der Speedster vornehmlich für offenes Fahren in den USA gedacht, schließlich aber auch in Deutschland erhältlich. Der TÜV allerdings hatte bei der Typisierungsabnahme einiges am Speedster auszusetzen. Beispielsweise bemängelte er, dass die Notsitze bei offenem Verdeck nicht als solche zu gebrauchen waren oder dass der Einstieg bei geschlossenem Verdeck akrobatische Fähigkeiten erforderte. Außerdem, so der TÜV, könne man bei geschlossenem Verdeck selbst auf den Vordersitzen nur in gebückter Haltung sitzen. Im US-Staat Florida, dem »Sunshine State«, fielen zumindest die beiden letztgenannten Mankos natürlich kaum ins Gewicht ...

Den Speedster gab es nur mit dem 1500-ccm-Motor, entweder als 1500 (55 PS) oder als 1500 S (70 PS). In beiden Varianten verfügte der Wagen über eine recht einfache Ausstattung, zu der beispielsweise aufsteckbare Seitenscheiben gehörten. Die Speedster-typisch flache Frontscheibe steckte in einem mit der Karosserie verschraubten Rahmen, der an den oberen Ecken stark gerundet war. Im Inneren des Wagens fand sich ein neu gestyltes Armaturenbrett mit drei Rundinstrumenten, das Zündschloss war rechts vom Lenkrad angeordnet. In der Beschleunigung erzielte der Speedster dank seiner geringeren Höhe und dem Verzicht auf Ausstattungsdetails etwas bessere Werte als das Coupé, in der Endgeschwindigkeit jedoch blieb er hinter diesem etwas zurück.

Der America Roadster erreichte mit seiner leichten Aluminium-Karosserie eine Höchstgeschwindigkeit von 180 km/h.

356 A

356 A 1300 (S)

Die ab Baujahr 1956 weiterentwickelten und nun mit dem Zusatzbuchstaben A gekennzeichneten 356-Modelle verfügten dank ihres modifizierten Fahrwerks über eine nochmals verbesserte Straßenlage. Coupé und Cabriolet besaßen eine selbsttragende Ganzstahlkarosserie. Die einteilige, gewölbte Panorama-Frontscheibe machte es leicht, die A-Modelle von ihren Vorgängern mit zweiteiliger bzw. mit Knickscheibe zu unterscheiden. Außerdem erhielten die neuen einen geänderten Fronthaubengriff mit eingelassenem Porsche-Wappen, und auch das Heck zierte jetzt ein solches Wappen. Die Größe der Räder betrug mit 15 Zoll ein Zoll weniger als beim Vorläufer. Alle A-Modelle verfügten über ein vollsynchronisiertes Viergang-Getriebe.

In ihren Fahrleistungen waren die neuen Modelle 356 A 1300 (44 PS, Höchstgeschwindigkeit 145 km/h) und 356 A 1300 S (60 PS, 160 km/h) mit ihren Vorgängermodellen vergleichbar, wobei der 1300 S ähnliche Werte erzielte wie der als »Dame« bezeichnete 356 A 1600. Bei allen A-Modellen war das Armaturenbrett auf der Oberseite mit Kunstleder gepolstert. Hinter einem Zweispeichen-Lenkrad befand sich links der Tachometer, in der Mitte der Drehzahlmesser und rechts ein Kombiinstrument. Weitere Ausstattungsmerkmale waren ein serienmäßig verbauter Zigarettenanzünder, ein Aschenbecher und eine Radioblende, Blinker, die sich automatisch zurückstellten, zwei verstellbare Liegesitze vorn und eine Notsitzbank im Heck, deren Rückenlehnen umgeklappt werden konnten, was weiteren Gepäckraum schuf.

Alle 356-A-Modelle verfügten über eine einteilige Panorama-Frontscheibe, während die Vorgänger noch zweiteilige oder Knick-Scheiben aufwiesen.

356 A 1600 (S)

Bei den A-Modellen ersetzten 1,6-Liter-Boxer die 1500-ccm-Motoren der Vorgängermodelle. Im Frühjahr 1957 tauschten Tachometer und Kombiinstrument im Armaturenbrett ihre Plätze, der Tacho war jetzt rechts vom mittig angeordneten Drehzahlmesser zu finden. Blinker, Rücklicht und Bremslichter waren ab März 1957 in neuen, tropfenförmigen Heckleuchten zusammengefasst, die »teardrops« genannt wurden. Nummernschildbeleuchtung und Rückfahrscheinwerfer erstrahlten jetzt von unterhalb des Kennzeichens, und die Auspuffendrohre ragten zugunsten einer größeren Bodenfreiheit aus den Stoßstangenhörnern. Das Cabriolet erhielt ausstellbare Dreiecksfenster, eine größere Heckscheibe im Verdeck bot bessere Sicht nach hinten. Mit dem Wegfall der 1300er aus dem Modellprogramm bildete die 60 PS starke »Dame«, wie der 1600er genannt wurde, ab Herbst 1957 das Einstiegsmodell bei Porsche. Gleichzeitig erhielten die 1600er-Boxer neue Zenith-Fallstromvergaser.

Kurbelgehäuse, Zylinderköpfe und Kolben waren bei allen Motoren der A-Modelle aus Leichtmetall, die Zylinderlaufflächen waren verchromt. Die Steuerung erfolgte über eine zentrale Nockenwelle, die Kurbelwelle war gleitgelagert. Wie im 1300 S verfügten auch die Motoren im 1600 S (75 PS, Höchstgeschwindigkeit 175 km/h) über rollengelagerte Pleuelstangen. 1957 erhielten alle A-Modelle ein ZF-Einfinger-Lenkgetriebe. Unter dem Bug gab es jetzt eine Abschleppöse, und im Karosserieboden waren Verstärkungen für Sicherheitsgurte angebracht. Die Rückenlehnen der komplett neu entwickelten Sitze waren anatomisch geformt. Neben Coupé und Cabriolet wurden A 1600 und A 1600 S ab Modelljahr 1958 auch als Hardtop-Coupé (mit fest verschweißtem Hardtop) und als Hardtop-Cabriolet angeboten.

Ein 356 A 1600 S Speedster aus dem Porsche-Museum.

356 A 1500 GS Carrera

Im Herbst 1955, also zu Beginn des Modelljahrs 1956, war der 356 A 1500 GS Carrera (GS für Grand Sport) der Star auf der IAA in Frankfurt. Mit dem von Dr. Ernst Fuhrmann konstruierten Motor (100 PS, 200 km/h), der als reines Renntriebwerk mit vier Nockenwellen mit Königswellenantrieb bereits 1953 im Renn-Spyder Dienst getan hatte, war er zu seiner Zeit ein absoluter Traumwagen. Auch dieser Carrera war als Coupé, als Cabriolet und als Speedster zu haben. Die Ölversorgung

Die Cabriolets hatten jetzt ausstellbare Dreiecksfenster bekommen.

Beim Hardtop-Cabriolet ließ sich das Dach selbstverständlich abnehmen.

Ein 356 A Coupé (Modelljahr 1956) mit einem Speedster der Vorgänger-Generation (Modelljahr 1955).

Der 356 A 1500 Carrera GS als Coupé bei einer Ausflugsfahrt ..

... und als Cabriolet im Rampenlicht.

Der Convertible D folgte im Modelljahr 1959 den allzu spartanisch ausgestatteten Speedstern.

356 A 1600 GS Carrera Cabrio, Modelljahr 1958.

Leichter und stärker: Der 1600 GS Carrera GT leistete 115 PS.

des Rennmotors übernahm eine Trockensumpfschmierung mit separatem Öltank, die auch in schnellen Kurven für eine ausreichende Schmierung sorgte.
Der 1500 GS Carrera GT, der eigentlich auch 1957 auf den Markt hätte kommen sollen, erschien mit zehn zusätzlichen PS und leichterer Karosserie erst zum Modelljahr 1958. In dieser Variante war er mit Speedster-Schalensitzen für die noch sportlicher orientierte Klientel gedacht. Lieferbar nur als Coupé und Speedster, verfügte der Carrera GT zur Gewichtsreduktion über Türen und Hauben aus Aluminium, Heck- und Seitenfenster waren aus Plexiglas, und auch die Stoßstangenhörner fielen der Gewichtsoptimierung zum Opfer. Links und rechts vom Heckgrill besaß der GT zusätzliche Lüftungsschlitze.
Im Modelljahr 1958 schließlich löste der 1500 GS Carrera de Luxe den 1500 GS Carrera ab. Besser ausgestattet, unter anderem mit einer effektiv arbeitenden benzinelektrischen Wagenheizung für all diejenigen, die den GS (Grand Sport) bis dato als »teuersten Kühlschrank Europas« bezeichnet hatten, war der Carrera natürlich auch schwerer geworden. Als de Luxe gab es den Carrera in den Versionen Coupé, Cabriolet, Hardtop-Coupé, Hardtop-Cabriolet und Speedster.

356 A 1600 (S) Convertible D

Die allzu spartanisch ausgestattete Karosserievariante Speedster wurde im Modelljahr 1959 durch den Convertible D ersetzt, wobei das »D« für die Karosseriefirma Drautz in Heilbronn stand, die die Karosserien für dieses Modell fertigte. Der Convertible D verfügte im Gegensatz zum Speedster über seitliche Kurbel- statt der simplen Steckfenster, die Frontscheibe war höher geworden und bot damit mehr Windschutz, die Schalensitze waren gegen die normalen ausgetauscht worden. Neu war im Convertible D auch eine Scheibenwaschanlage. Das rechts neben dem Lenkrad angeordnete Zündschloss dagegen war mitsamt dem kompletten Armaturenbrett original aus dem Speedster übernommen.
Der Convertible D war nicht mehr als Carrera erhältlich, wie es der Speedster noch gewesen war. Der künftige Convertible-Besitzer hatte lediglich die Wahl zwischen den Motorvarianten 1600 und 1600 S mit 60 bzw. 75 PS. Die gegenüber dem Speedster deutlich bessere Ausstattung hatte dem Convertible D allerdings auch eine spürbare Gewichtszunahme von 40 kg beschert. Statt einer Notsitzbank gab es im Fond zwei einzelne Notsitze, deren Lehnen umgeklappt werden konnten. Auf ihre Abstammung wiesen allerdings nur die ersten 14 Exemplare des Convertible D hin: Sie trugen auf den Kotflügeln noch einen Schriftzug »Speedster D«.

356 A 1600 GS Carrera

Der 356 A 1600 Carrera GS besaß im Grunde noch immer den sportlichen Fuhrmann-Motor, nur hatte der im Hubraum (1588 ccm) etwas zugelegt und leistete denn auch in der De-Luxe-Version 105 PS. Im neuen Triebwerk verfügte die Kurbelwelle nun über Gleit- statt über Rollenlager. Die Speedster-Variante gab es im Modelljahr 1959 nicht mehr. Der De-Luxe-Carrera wurde mit Solex-Doppelvergasern in den Karosserie-Varianten Coupé, Cabriolet, Hardtop-Coupé und Hardtop-Cabriolet angeboten. Beim Hardtop-Coupé war das Hardtop fest verschweißt, beim Hardtop-Cabrio dagegen natürlich abnehmbar.
Der 1600 GS Carrera GT leistete mit Weber-Doppelvergasern und dem von 1498 auf 1588 ccm erweiterten Hubraum jetzt 115 PS. Er war ausschließlich als Coupé erhältlich. Wie schon sein Vorgänger mit dem 1500er-Motor war auch der 1600 GS Carrera GT leichter geworden: Hauben und Türen bestanden aus Leichtmetall, die Scheiben in Heck- und Seitenfenstern bestanden aus Plexiglas. Unterscheiden ließ er sich von der De-Luxe-Variante unter anderem an den beiden zusätzlichen Lüftungsschlitzen links und rechts neben dem bei allen 356ern üblichen Lufteinlassgitter auf der Motorhaube.

356 B

356 B 1600 (S)

Im Herbst 1959 wurde der 356 B (hier in der Coupé-Version) auf der IAA vorgestellt.

Zu Beginn des Modelljahrs 1960 wurde im Herbst 1959 der 356 B auf der IAA in Frankfurt vorgestellt. Alle B-Modelle waren unter anderem gekennzeichnet durch höher als beim A-Modell positionierte Stoßfänger und höher gesetzte Scheinwerfer (mit asymmetrischem Abblendlicht). Das Coupé war zudem mittels der serienmäßigen Ausstellfenster als B-Modell erkennbar. Als Motor stand dem B 1600 die »Damen«-Variante mit 60 PS zur Verfügung. Auch den B 1600 gab es wieder als Hardtop-Coupé und als Hardtop-Cabriolet, als neue Karosserievariante erschien ein Roadster auf dem Markt. In technischer Hinsicht unterschieden sich die Hardtop- nicht von den normalen Coupé- bzw. Cabriolet-Varianten. Auffallend beim Hardtop-Coupé war allerdings die Heckpartie, die fast schon stufenheckförmige Ausprägung annahm.
Im Innenraum wiesen alle B-Modelle ein neues Lenkrad auf, schwarz und mit drei Speichen. Die Sitze waren komfortabler geworden, die Heckscheibe konnte jetzt von der Heizung über eine eigene Ausströmöffnung beheizt werden. Gegenüber dem Cabriolet war der Roadster etwas sparsamer ausgestattet, er verfügte über eine flachere Windschutzscheibe, sein Verdeck war ungefüttert, und auf die hinteren Notsitze hatte man ganz verzichtet. Immerhin besaß er Kurbelfenster an den Seiten, die Zeiten der spartanischen Steckfenster schienen endgültig vorüber zu sein. Die Coupé-, Cabriolet- und Hardtop-Cabriolet-Karosserien für alle 356 B wurden bei Reutter, die für die Hardtop-Coupés mit aufgeschweißtem Dach bei Karmann und die für die Roadster bis Februar 1961 bei Drauz, danach bei D'Ieteren produziert.

356 B 1600 Super 90

Der Super 90 besaß als erster Porsche serienmäßig Gürtelreifen. Die Steigerung der Motorleistung auf 90 PS war in erster Linie auf eine Erhöhung der Verdichtung zurückzuführen, die jetzt bei 9,0 : 1 lag, sowie auf den Einsatz eines größeren Vergasers. Wie beim Carrera war auch beim Super 90 eine zusätzliche Ausgleichsfeder an der Hinterachse angebracht, die die Straßenlage nochmals verbesserte. Ein Tester bescheinigte dem Super 90 mit diesem Fahrwerk die »Gutmütigkeit eines Märchenonkels«. Ab Modelljahr 1962 erhielt der Super 90 eine Tellerfederkupplung mit 200 mm Durchmesser und ein neues Schwungrad. Und für die Coupé-Varianten der 356er war ab diesem Modelljahr ein elektrisches Stahlschiebedach von Golde erhältlich.

Dem Fahrwerk des 356 B Super 90 bescheinigte ein Tester die »Gutmütigkeit eines Märchenonkels«.

... als Hardtop-Coupe, ...

... als Hardtop-Cabrio ...

Es gab den 356 B aber auch wieder als Cabrio, ...

... und in einer neuen Karosserievariante als Roadster.

356 B

356 B 1600 GS Carrera GT

Unter den 356ern der B-Serie war der Carrera das Spitzenmodell. Nur noch als GT angeboten, reichten die 115 PS (mit Sportauspuff waren es bis zu 135) seines Königswellenmotors für eine Spitzengeschwindigkeit von immerhin 200 km/h. Dieser Carrera war der erste 356, dessen Bordnetz eine Spannung von 12 Volt aufwies. Und er war der erste, der – wenn auch nur auf Wunsch – mit Scheibenbremsen zu haben war. Eine Luxus-Version des Top-Modells gab es nicht, der Schwerpunkt bei der Konzeption dieses Fahrzeugs lag eindeutig auf der Betonung des sportlichen Charakters. So wurden zur Gewichtsersparnis Türen und Hauben aus Leichtmetall gefertigt, Heck- und Seitenscheiben bestanden aus dem leichteren Plexiglas, und auf die Stoßstangenhörner wurde gleich ganz verzichtet. Serienmäßig war der Wagen mit Schalensitzen ausgestattet.

Weniger Luxus, mehr Sport: 356 B 1600 GS Carrera GT

356 B 2000 GS Carrera 2

Im Frühjahr 1962 kam der Carrera mit auf 1996 ccm vergrößertem Hubraum und 130 PS auf den Markt. Die T6-Karosserie, Fahrwerk und Ausstattung unterschieden sich nicht vom Vorgängermodell mit 1600 ccm. Die Bezeichnung »Carrera 2« geht denn auch einzig auf den Hubraum von annähernd zwei Litern zurück. Von den anderen 356ern unterscheiden ließ sich der Carrera 2 vor allem durch das Fehlen der Stoßstangehörner und eine Motorhaube mit zwei Lüftungsgittern. Den Innenraum des Carrera 2 zierte ein großes Holzlenkrad. Nur die allerersten Carrera 2 wurden noch mit Trommelbremsen ausgeliefert, ab April 1962 wurden Scheibenbremsen eingebaut.

356 B 2000 GS-GT Carrera 2

Die dank Aluminium-Türen und -Hauben, Plexiglasscheiben in Seiten und Heckfenstern sowie Verzicht auf Ausstattungsdetails nochmals leichtere Sport-Version GS-GT gab es mit 140 PS oder, bestückt mit einer Sport-Auspuffanlage, sogar mit 155 PS. Dabei konnte der Kunde – je nach geplantem Einsatzzweck – zwischen vier verschiedenen Getriebeübersetzungen wählen. Bei den ab April 1962 eingebauten Scheibenbremsen handelte es sich um eine von Porsche selbst entwickelte Bremsanlage, bei der die Bremszangen die Bremsscheiben von innen umgriffen, was es erlaubte, Bremsscheiben mit größerem Durchmesser zu verbauen. Ein Sperrdifferenzial mit 40 % Sperrwirkung war serienmäßig, für die GS-Variante war es nur auf Wunsch erhältlich.

356 B 1600 GS Carrera GTL Abarth

Für ganze 21 Exemplare des GTL (L für Leicht) lieferte das Turiner Haus Abarth die Aluminium-Karosserien. (Gefertigt wurden sie allerdings bei Zagato.) 1960 wollte Porsche mit diesem Modell auf den Rennstrecken allen Ballast abwerfen, der sich in den normalen Straßenmodellen in Form von zusätzlichem Gewicht als Folge von vermehrter Luxus-Ausstattung angesammelt hatte. Luxus kam in diesem Wagen denn auch wirklich nicht vor. Aerodynamisch optimiert, erheblich erleichtert und ausgestattet mit dem 1600er-Carrera-Motor, reichten dem Renner bereits die 115 PS in der Ausführung mit Serienauspuff für erstaunliche Fahrleistungen. Mit Sportauspuff leistete der Motor 128 und mit Sebring-Auspuff sogar 135 PS. In der stärksten Variante war der GTL dann über 220 km/h schnell, für den Spurt von Null auf 100 km/h brauchte er lediglich 8,8 Sekunden.

Im Carrera Abarth arbeitete ein Fuhrmann-Motor mit Königswellensteuerung.

Ein 356 B 1600 GS Carrera GT bei der 5. Tour de Corse 1960. Links im Bild Paul Ernst Strähle, rechtes Herbert Linge.

356 B 2000 GS Carrera 2 Cabriolet. Zu erkennen vor allem an den fehlenden Stoßstangenhörnern.

Konzipiert für die Rennstrecke: 21 Exemplare gab es vom Carrera mit der Abarth-Karosserie.

356 B 2000 GS Carrera 2 Coupé. Heckwärtiges Erkennungszeichen: Zwei Lüftungsgitter.

Der 356 C löste den 356 B im Herbst 1963 ab.

Mit dem C in der Typenbezeichnung verfügte der neue 356 über 75 PS.

Als SC mobilisierte er 95 PS.

356 C

356 C 1600 (SC)

Der 356 C, der im Herbst 1963 den 356 B ablöste, besaß die gleiche T6-Karosserie wie dieser. (Zeitgleich mit dieser Wachablösung wurde mit dem 901 auf der IAA in Frankfurt schon die nächste, weitaus bedeutendere eingeleitet.) Unterscheiden ließ sich die C- von der B-Version durch das neue Rad-Design mit flacheren Radkappen. Und auch die Typenbezeichnungen auf der Motorhaube waren neu: Hier stand das schlichte C jetzt für den noch elastischer gewordenen 75-PS-Motor, das SC für den in der Leistung nochmals um 5 auf 95 PS angehobenen Motor. Das Fahrwerk der C-Modelle war neu abgestimmt worden, wie schon vom Carrera 2 wurden auch von den C-Modellen nur die allerersten noch mit Trommelbremsen ausgeliefert, schon kurz nach der Markteinführung wurden Scheibenbremsen von ATE verbaut.

356 C 2000 GS Carrera 2

Als Nachfolger des Carrera 2 der B-Reihe verfügte der C-Carrera selbstverständlich von Anfang an schon über Scheibenbremsen, und zwar wie sein Vorgänger über die aus der Porsche-eigenen Konstruktion. Der Zweiliter-Motor im Carrera 2 war im Vergleich zum B-Carrera praktisch unverändert geblieben. Unter den C-Modellen war allein der Carrera serienmäßig mit der Ausgleichsfeder an der Hinterachse ausgestattet, die für eine noch bessere Straßenlage sorgte. Dem 356 C Carrera 2 war im Porsche-Modellprogramm nur eine kurze Lebensdauer beschieden. Schon im Modelljahr 1965 wurde der Platz, den der Carrera 2 leistungsmäßig hier ausgefüllt hatte, vom neuen (und zudem preiswerteren) Modell 901 eingenommen.

Blick in den Motorraum des 356 C Carrera 2.

Auch den 356 C gab es wieder als Hardtop-Cabriolet.

Das 356 C Carrera 2 Coupé war mit seinem 130 PS starken Zweiliter-Motor 200 km/h schnell.

550 / 597 / 904

550 1500 RS Spyder

Seine größten Erfolge feierte der 550 Spyder zweifellos auf den Rennstrecken der Welt, doch gelangten eine ganze Reihe der seltenen Exemplare auch in Privathand. Seine Bezeichnung verdankte der Wagen – der erste, der von Porsche speziell für den Renneinsatz konzipiert worden war – nicht seinem bescheidenen Gewicht, das für den Renneinsatz auf 550 kg reduziert wurde, sondern der Tatsache, dass es sich bei ihm um die 550. Porsche-Konstruktion handelte. Der 550 verfügte unter seiner Aluminium-Karosserie über einen aus Rohren geschweißten Flachrahmen, erst das Nachfolgemodell 550 A erhielt einen Gitterrohrrahmen. Die beiden ersten 550-Exemplare bekamen noch einen leistungsgesteigerten 1500-ccm-Motor mit 78 PS aus dem Serien-356, danach wurde der Renner mit dem berühmten Fuhrmann-Motor ausgestattet, der mit seinen 110 PS auch in den Carrera-Modellen für Vortrieb sorgte.

1956 wurde das Nachfolgemodell 550 A eingeführt.

Jagdwagen (Typ 597)

Vom ersten Allradauto, das den Namen »Porsche« trug, entstanden von 1955 bis 1958 ganze 49 Exemplare in einer Kleinstserie für den zivilen Markt. In den Augen der Bundeswehr, für die der Typ 597 entwickelt worden war, war der Jagdwagen zu komplex, zu teuer und mit einer unsicheren Ersatzteilversorgung behaftet. Dabei hatte das Lastenheft der Zuffenhausener so maßgebliche Kriterien wie Schnelligkeit, Wendigkeit, geringes Gewicht bei größtmöglicher Nutzlast, Geländegängigkeit, Betriebssicherheit und einfache Wartung in den Vordergrund gestellt, also durchaus für den Militäreinsatz entscheidende Dinge. So jedenfalls ist der 597 heute in jeder Variante eine gesuchte Rarität, ob als frühes Exemplar ohne Türen und mit glattflächiger Karosserie von Reutter oder als späte Version mit Türen und einer mit Sicken verstärkten Karosserie von Karmann.

904 Carrera GTS

Der 904 Carrera GTS kostete seinerzeit 29.700 Mark, er war für den Straßenverkehr zugelassen, mit seiner spartanischen Ausstattung aber deutlich eher für den Renneinsatz konzipiert. Als Antrieb diente in dem zweisitzigen Mittelmotor-Coupé der bekannte Vierzylinder aus dem Carrera 2, dessen Leistung auf 155 PS gesteigert worden war, aus denen auf Wunsch im Verbund mit einer Sportauspuffanlage sogar 180 PS wurden. Nur 1065 Millimeter hoch, verfügte der Renner über eine ausgesprochen günstige Aerodynamik. Alles in allem reichte das dem nur 740 Kilogramm schweren Wagen für eine Höchstgeschwindigkeit von 252 bzw. 263 km/h. Die Kraftübertragung erfolgte durch ein eigens entwickeltes Fünfganggetriebe, der Wagen besaß einen Leiterrahmen aus Stahl und eine Karosserie aus glasfaserverstärktem Kunststoff.

Vom Charakter her eher ein Rennwagen, verfügte der 904 doch über eine Straßenzulassung.

Unter den ersten 550 gab es noch einige Coupés, doch ab 1954 wurden nur noch Spyder gefertigt.

Für die Bundeswehr entwickelt, wurden vom Jagdwagen nur 49 Exemplare für den zivilen Markt gebaut.

Dank seiner Bauform war der Typ 597 schwimmfähig.

Ganze 106 Exemplare wurden vom 904 in den Jahren 1964/65 gebaut.

Gemeinschaftswerk: Der Typ 914 war als »VW-Porsche« bekannt.

914/4 mit Zweiliter-Motor.

914 / 916

914/6 aus der Sammlung des Porsche-Museums.

914 1.7 / 1.8

Als Ergebnis einer Gemeinschaftsentwicklung von Porsche und VW war der folgerichtig als »VW-Porsche« bekannte 914 erstmals 1969 auf der IAA zu sehen. Anders als der 914/6, den Porsche in Zuffenhausen baute, wurde das zunächst mit dem 1,7-Liter-Vierzylinder aus dem VW 411 E ausgestattete Basismodell des Mittelmotor-Sportwagens bei Karmann in Osnabrück produziert. Ab 1974 wurde der 914 dann mit einem auf 1,8 Liter vergrößerten Hubraum ausgeliefert. Äußerlich war der 914 nur an den Vierlochfelgen vom 914/6 mit seinen Fünflochfelgen zu unterscheiden. Das Kunststoffdach des 914 wog nur 7,9 kg, konnte herausgenommen und im hinteren Kofferraum untergebracht werden. Ein weiteres Charakteristikum der 914er waren die Klappscheinwerfer.

914/6 GT des Modelljahrs 1972 im Einsatz als ONS-Streckensicherungsfahrzeug.

914 2.0

Ab 1973 war der 914 auch mit einem Zweiliter-Vierzylinder erhältlich, der aus dem bereits bisher verwendeten 1,7-Liter-Aggregat entwickelt worden war. Aufgrund seiner beachtlichen Breite und der Tatsache, dass der Handbremshebel links vom Fahrersitz angebracht wurde, erlaubte der als Zweisitzer ausgelegte Sportwagen die Mitnahme zweier Beifahrer. Im Inneren nahmen Fahrer und Beifahrer erstmals auf Sitzen mit integrierten Kopfstützen Platz, ab Modelljahr 1974 waren dann auch Dreipunkt-Sicherheitsgurte serienmäßig. Längenverstellbar war nur der Fahrersitz. Der Beifahrer dagegen musste sich mit einer verschiebbaren Fußstütze begnügen. Im Modelljahr 1975 gab es vom 914 2.0 ein Sondermodell mit der Bezeichnung »GT«.

Der 914/8 mit Achtzylinder-Rennwagenmotor wurde nur zweimal gebaut.

914/6 (GT)

Der 914/6 war die mit dem Sechszylinder-Aggregat des 911 T stärker motorisierte und besser ausgestatte Variante dieses deutschlandweit ersten in Serie produzierten Mittelmotor-Sportwagens. Mit dem Mittelmotor-Konzept war hier ein handliches und kurvenschnelles Fahrzeug entwickelt worden, das in der Sechszylinder-Version allerdings kaum noch günstiger war als der 911. Dank der besonderen Anordnung des Motors verfügte der von 1970 bis 1972 produzierte Wagen über zwei Kofferräume mit insgesamt 370 Litern Volumen, im hinteren konnte das herausnehmbare und nur 7,9 Kilogramm schwere Dach untergebracht werden. Insgesamt wurde das Design des Sportwagens, das nicht zuletzt durch die Klappscheinwerfer auffiel, bei seinem Erscheinen als eher funktionell bewertet. Ein so genanntes »Sport-Kit« machte aus dem 914/6 die Rennversion 914/6 R, für die sich ob ihrer FIA-Zulassung für die GT-Klasse schließlich die Bezeichnung 914/6 GT durchsetzte.

Vom 916 wurden gerade einmal elf Exemplare gefertigt: Die Produktionskosten ließen sich über den Verkaufspreis nicht decken.

914/8

Der 914/8 wurde nur zweimal gebaut. Bestückt mit dem Achtzylinder-Boxer aus dem Rennwagen 908, entstanden 1969 ein rot und ein silbern lackiertes Fahrzeug dieses Typs, die sich äußerlich beide kaum von den Serienversionen unterschieden. Der rote Wagen besaß das 300 PS starke Renntriebwerk in unveränderter Ausführung, aber keine Straßenzulassung. Er konnte nur mit einer roten Nummer versehen zu Versuchszwecken auf öffentlichen Straßen bewegt werden. Der Motor im silbernen Wagen dagegen war umgerüstet und leistete »nur noch« 260 PS. Dieser Wagen besaß eine Straßenzulassung, Dr. Ferry Porsche erhielt ihn 1969 von der Belegschaft zu seinem 60. Geburtstag.

916

Gedacht als eine Art »Über-914«, wurden 1972 vom 916 tatsächlich nur elf von ursprünglich geplanten 50 Exemplaren gebaut. Grund dafür war eine Kostenrechnung, die sich auf 40.000 Mark pro Exemplar belief und damit den angestrebten Verkaufspreis von 35.000 Mark deutlich übertraf. Das Fahrwerk des 916 stammte vom 914/6, die Bremsanlage ebenso wie der 2,4-Liter-Motor mit 190 PS vom 911 S.

Das Transaxle-Prinzip in einem Werbeplakat von 1976.

Der 924 Turbo schloss 1979 mit 170 PS die Lücke zwischen 924 und 911.

Auch die nur 50 Mal gebaute Rennversion 924 GTS konnte für den Straßenverkehr zugelassen werden.

TRANSAXLE

Mit 210 PS war der 924 Carrera GT 1981 nochmals deutlich über dem 924 Turbo angesiedelt.

Der 924 S, der zum Modelljahr 1986 den 924 ablöste, wurde wie dieser bei Audi in Neckarsulm produziert.

924

1970 hatte VW bei Porsche die Entwicklung eines Nachfolgers für den 914 in Auftrag gegeben. Das Ergebnis dieser Entwicklung war der 924, den VW dann aber gar nicht mehr bauen wollte. So kaufte Porsche denn die eigene Konstruktion von VW wieder zurück und ließ den 924 ab 1976 bei Audi in Neckarsulm bauen. Als zweite Baureihe unterhalb des Elfers angesiedelt, sollte er die Funktion des Einstiegsmodells im Hause Porsche übernehmen. Erstmals bei einem Porsche saß der Motor im 924 vorn. Der aus dem Audi 100 stammende Reihenvierzylinder war von Porsche gründlich überarbeitet und in der Leistung auf 125 PS gesteigert worden. Die Kraftübertragung vom mitsamt der Kupplung vorn liegenden Motor auf das an der Hinterachse montierte Viergang-Getriebe erfolgte mittels Transaxle-System: In einem starren Tragrohr lief eine vierfach gelagerte Antriebswelle. Schon 1978, nach nur 26 Monaten Bauzeit, lief der 50.000. 924 vom Band.

924 Turbo

Im Modelljahr 1979 präsentierte Porsche mit dem 924 Turbo ein Modell, das dank Abgasturbolader über stolze 170 PS verfügte und damit leistungsmäßig genau in die Lücke zwischen 924 und 911 passte. Äußerlich unterschied sich der Turbo vom Basis-924 vor allem durch die serienmäßige Zweifarben-Lackierung (sofern sie nicht auf Kundenwunsch entfallen war), durch einen kleinen Heckspoiler, andere Felgen und die zusätzlichen Luftschlitze in der Fahrzeugfront. Und wie schon bei 914 und 914/6 war auch hier die stärkere Version mit Fünfloch-Felgen, die schwächere mit Vierloch-Felgen ausgerüstet. Motor, Fahrwerk und Bremsanlage waren selbstverständlich an die höheren Belastungen angepasst. Auf die Karosserie gab Porsche wie von Anfang an auch auf die des Basis-924 eine sechsjährige Garantie gegen Durchrostung.

924 Carrera GT (GTS)

Mit dem 924 Carrera GT präsentierte Porsche einmal mehr ein Fahrzeug, das gleichermaßen für die Straße wie für den Rennsport (in der Gruppe 4) geeignet war. Der GT basierte auf dem Serienmodell des 924 Turbo, war aber durch die Verwendung von Leichtbauteilen und den Verzicht auf »überflüssige« Ausstattungsdetails im Gewicht um bis zu 150 Kilogramm leichter als dieser. So waren beispielsweise Motorhaube und Türen aus Aluminium, Frontschürze und Kotflügelverbreiterungen aus glasfaserverstärktem Kunststoff. Die Leistungssteigerung auf 210 PS wurde unter anderem durch eine höhere Verdichtung und eine modifizierte Zündanlage erzielt. In einer Miniserie von 50 Exemplaren wurde mit der Bezeichnung GTS eine mit 245 PS noch stärkere Rennversion des GT gefertigt, die ebenfalls für den öffentlichen Straßenverkehr zugelassen werden konnte.

924 S

Nach umfangreichen Überarbeitungen wurde im Modelljahr 1986 aus dem 924 der 924 S. Die Karosserie blieb unverändert, äußerlich war der 924 auf den ersten Blick an den neu gestalteten Druckguss-Felgen im sogenannten »Telefonscheiben-Styling« erkennbar. Die entscheidenden Veränderungen allerdings fanden sich unter der Oberfläche: Bremsen und Teile des Fahrwerks wurden vom 944 übernommen, auch der 2,5-Liter-Motor stammte aus dem 944. Allerdings handelte es sich hier um den Motor in der USA-Version, die – niedriger verdichtet – »nur« 150 PS leistete, dafür aber mit Normalbenzin betrieben und von Porsche mit den gleichen Leistungswerten auch in einer Kat-Version angeboten werden konnte. Den 924 S gab es ab Werk mit einer Fünfgang-Schaltung, auf Wunsch war er aber auch mit einer Dreigang-Automatik erhältlich.

Der 924 kam 1976 mit Klappscheinwerfern.

TRANSAXLE

944

Obwohl die Karosserie des ab dem Frühjahr 1982 erhältlichen 944 auf der des 924 basierte, drohte hier zu keinem Zeitpunkt eine ernste Verwechslungsgefahr: Preislich und im Leistungsniveau genau zwischen 924 und 911 angesiedelt, zeigte sich der 944 schon allein durch seine verbreiterten Kotflügel deutlich muskulöser und markanter als sein kleiner Bruder. Der 2,5-Liter-Vierzylinder aus Leichtmetall war vom V8 aus dem 928 abgeleitet worden. Im Modelljahr 1989 – es war das letzte für den Basis-944 – wurde der Hubraum auf 2,7 Liter vergrößert.

944 Turbo

Das Highlight im Porsche-Modelljahr 1985 bildete der auf dem Genfer Autosalon vorgestellte 944 Turbo. Äußerlich unterschied er sich vom Standard-Modell durch eine neue Scheinwerfer-Anordnung in der Front, in die jetzt auch Nebel- und Fernscheinwerfer integriert waren, und durch einen in Wagenfarbe lackierten Spoiler unterhalb der hinteren Stoßstange. Der von der Fachpresse hochgelobte Turbomotor wurde von Anfang an auch in einer Katalysator-Version (mit identischen Leistungswerten!) angeboten. Im Modelljahr 1989 erhielt der 944 Turbo die Maschine aus dem Sondermodell 944 Turbo S, das dann nicht mehr angeboten wurde. Quasi zum Abschied legte Porsche im Modelljahr 1991 vom 944 Turbo noch eine Sonderserie als Cabriolet auf, die auf 528 Exemplare limitiert war: Das 944 Turbo Cabriolet, seinerzeit der schnellste offene Vierzylinder der Welt, war somit auch als Sammlerstück interessant.

944 S

In die Lücke zwischen 944 und 944 Turbo zielte der 944 S, der ab dem Modelljahr 1987 angeboten wurde. Äußerlich war er kaum vom Basis-944 zu unterscheiden, Karosserie und Ausstattung der beiden waren identisch. Einzig die Typenbezeichnung »944 S« am Heck und ein auf Wunsch am vorderen Kotflügel angebrachter Schriftzug »16-Ventiler« verrieten die höhere Stellung im Modellprogramm. Deutlicher hob sich der 944 S da schon durch seine inneren Werte vom Basis-Modell ab: Eine zusätzliche Nockenwelle, Vierventiltechnik mit den Zylinderköpfen aus dem 928 S4 und einige weitere Änderungen entlockten dem Motor jetzt – mit oder ohne Kat – 190 PS. Ab dem Modelljahr 1987 waren alle 944-Modelle auf Wunsch mit ABS lieferbar.

944 Turbo S

Mit Beginn des Modelljahrs 1988 bot Porsche Ende 1987 in einer Sonderserie ein neues Top-Modell der 944-Reihe an, den 944 Turbo S. Er war direkt von den im Porsche-Turbo-Cup eingesetzten Wettbewerbsversionen abgeleitet, und mit 250 PS und einem Drehmoment von 350 Nm ließ er hinsichtlich seiner Leistungen kaum noch Wünsche offen. Gebändigt wurde der ungestüme Vorwärtsdrang von der Bremsanlage aus dem großen Bruder 928 S4, ein entsprechend ausgelegtes Sportfahrwerk und ein verstärktes Getriebe mit externem Ölkühler waren angesichts der Leistungsdaten selbstverständlich.

944 S2

Im Modelljahr 1989 löste der 944 S2 den 944 S ab. Gekleidet in die Karosserie des 944 Turbo, verfügte der S2 jetzt über einen Dreiliter-Motor, den damals hubraumstärksten Vierzylinder weltweit. Sein bulliges Drehmoment sorgte für eine enorme Beschleunigung auch aus niedrigen Drehzahlen heraus, für den Spurt von 0 auf 100 brauchte der S2 gerade einmal 7,1 Sekunden. Die Ausstattung des S2 entsprach der des Basis-944. Zur Serienausstattung hinzugekommen waren im Modelljahr 1989 bei allen 944-Modellen eine automatische Heizungsregelung, eine stärkere Batterie und elektrisch höhenverstellbare Beifahrersitze. Für frischluftliebende 944-Fans allerdings ging die Sonne etwas verspätet erst im Juni 1989 auf, als zum Ende des Modelljahrs die ersten 944 S2 in der Cabrio-Version ausgeliefert wurden.

Kam deutlich bulliger daher als der 924: 944 im Modelljahr 1982.

Ende 1987 gab es mit dem 944 Turbo S ein neues Topmodell der Baureihe.

Den 944 Turbo gab es in den ersten Jahren ab 1985 nur als Coupé, ...

... erst im Modelljahr 1991 schob Porsche noch ein Turbo Cabriolet nach

Der 944 s war zwischen 944 und 944 Turbo angesiedelt.

Im Modelljahr 1989 erschien mit dem 944 S2 Coupé der Nachfolger des 944 S, ...

... als Cabriolet gab es den 944 S2 erst zum Ende des Modelljahrs.

1991 löste der 968 mit einem sehr sportlich ausgelegten Fahrwerk den 944 ab.

Im Cabriolet wie im Coupe ließ schon die Serienausstattung kaum noch Wünsche offen.

Markantes Merkmal: Zwei zusätzliche Lufteinlässe in der Motorhaube des 968 Turbo S.

Der 968 Turbo S war eine vom im Rennsport eingesetzten 968 Turbo RS abgeleitete Straßenversion.

Ganz normal – wenn es ein Porsche ist. Werbeplakat für den 968 aus dem Jahr 1992.

Die Clubsportvariante 968 CS kam etwas spartanischer, damit aber auch leichter daher.

968

Im Juli 1991 liefen in Zuffenhausen die ersten Exemplare des 968 vom Band, der den 944 als Vierzylinder-Transaxle bei Porsche ablöste. Die neue Front-Optik erinnerte ein wenig an den 928, insgesamt wirkte der 968 eher als sein Vorgänger wie ein Porsche-Familienmitglied. Unter seiner Haube arbeitete ein Dreiliter-Vierzylinder, zu dessen gravierendsten Neuerungen eine variable Einlassnockenwellen-Steuerung zählte. Die Kraftübertragung erfolgte serienmäßig durch ein neu entwickeltes Sechsganggetriebe, auf Wunsch war auch eine – ebenfalls neue – Viergang-Tiptronic erhältlich. Das Fahrwerk war sportlich abgestimmt, ABS und Airbags waren serienmäßig an Bord. Von Anfang an gab es den 968 auch als Cabriolet. Dessen Stoffverdeck war serienmäßig mit einem elektrischen Zubringer ausgerüstet, wie überhaupt die Serienausstattung – in beiden Karosserievarianten – fast schon üppig zu nennen war: Elektrische Fensterheber gehörten dazu, ebenso elektrisch höhenverstellbare Sitze. Auch die Außenspiegel waren elektrisch verstell- und beheizbar. Airbags für Fahrer und Beifahrer waren ebenso serienmäßig an Bord wie getönte Scheiben, eine Zentralverriegelung, Alarmanlage oder eine Radiovorbereitung mit sechs Lautsprechern. Ein paar aufpreispflichtige Extras gab es aber auch noch, darunter Klima- und Scheinwerferreinigungsanlage, Radio, Sitzheizung oder Lederausstattung.

968 CS

Die Clubsport-Variante des 968 (CS = ClubSport) kam Anfang 1993 auf den Markt und bildete das neue Einstiegsmodell im Porsche-Programm. Motor und Getriebe waren mit denen des 968 identisch, etwas höhere Fahrleistungen verdankte der CS der Einsparung von 50 Kilogramm Gewicht, für die auf nicht unbedingt notwendige Ausstattungsdetails wie Rücksitzbank, elektrische Fensterheber, Heckscheibenwischer oder Alarmanlage verzichtet worden war. Auch die Airbags für Fahrer und Beifahrer fielen der Gewichtsreduzierung zum Opfer, sie konnten jedoch als Zusatzausstattung wieder geordert werden. Auch das Handling des CS war noch etwas besser als beim 968, verantwortlich dafür waren unter anderem das um 20 mm tiefergelegte Fahrwerk und die serienmäßigen 17-Zoll-Felgen. Der 968 CS war nur als Coupé erhältlich.

968 Turbo S

Der 968 Turbo S, den Porsche ab Frühjahr 1993 anbot, war eine Straßenversion des in Rennen eingesetzten 968 Turbo RS. Als äußere Kennzeichen des Turbo S stachen vor allem die beiden zusätzlichen Lufteinlässe in der Motorhaube ins Auge. Der 968 Turbo S basierte auf dem gewichtsreduzierten 968 CS, wie dieser war er von »überflüssigem« Luxus befreit. Sein Fahrwerk allerdings war gegenüber dem CS nochmals um 20 mm tiefergelegt und straffer abgestimmt. Anders als seine beiden »kleinen Brüder« hatte der Turbo S einen Zweiventil-Zylinderkopf, doch dank der Aufladung leistete dieser 305 PS. Um diese bändigen zu können, erhielt der 968 Turbo S die Bremsanlage des 911 Turbo S. Produziert wurden vom 968 Turbo S gerade einmal 14 Stück, der Wagen ist damit äußerst gesuchtes Sammel-Objekt.

TRANSAXLE

928

Der 928, den Porsche im Modelljahr 1978 auf den Markt brachte, war konzipiert worden als schneller 2+2-Sitzer mit deutlich mehr Fahrkomfort, als man ihn im 911 genießen konnte, mit großem Gepäckraum und mit Fahrleistungen, die denen des 911 nicht nachstehen sollten. So entstand ein Gran Turismo mit einem 4,5-Liter-V8-Motor, der 240 PS leistete, vorn platziert war und seine Kraft via Transaxle-System ans Getriebe vor der Hinterachse übertrug. Diese ging als Weissach-Achse in die Automobilgeschichte ein und konnte die im Fahrbetrieb auftretenden Vorspuränderungen ausgleichen. Die Karosserie war beidseitig feuerverzinkt, Türen, Kotflügel vorn und Motorhaube waren aus Aluminium. Der Porsche 928 war 1978 der erste Sportwagen überhaupt, dem der Titel »Auto des Jahres« verliehen wurde.

Ferry Porsche 1979 an seinem 70. Geburtstag mit einem Porsche 928.

928 S

Als stärkeren Bruder des 928 präsentierte Porsche im Modelljahr 1980 den 928 S, den es ab Modelljahr 1986 auch mit Kat gab. Äußerlich erkennbar war der 928 S unter anderem an den neu gestalteten Alu-Felgen sowie an kleinen Front- und Heckspoilern. Bei gegenüber dem Basismodell unverändertem Fahrwerk waren die Bremsen des 928 S der höheren Leistung angepasst – mit 300 PS war der 928 S immerhin ebenso stark wie der 911 Turbo. Ab Modelljahr 1984 gab es im 928 als erstem Porsche überhaupt auf Wunsch ein ABS. Zur umfangreichen Serienausstattung des Gran Turismo gehörten unter anderem eine Scheinwerferreinigungsanlage und ein Tempomat, ganz neu war eine elektronisch regulierte Klimaanlage, die für eine gleichbleibende Einhaltung der einmal eingegebenen Temperatur sorgte.

928 S4

Für das Modelljahr 1987 hatte Porsche dem 928 mehr als nur ein Facelift spendiert: Als S4 verfügte er jetzt über einen neuen Fünfliter-Vierventiler, der auf dem Motor aus dem 928 S mit Kat basierte, dessen Leistung aber nochmals gesteigert worden war auf nunmehr 320 PS. Aerodynamisch optimiert, wies die Karosserie mit optimiertem Bugteil, neu gestaltetem Heck und modifizierten Spoilern vorn und hinten einen cW-Wert von nur noch 0,34 statt bisher 0,38 auf. Ganz neu in der Innenausstattung war eine Memory-Funktion für die elektrische verstellbaren Vordersitze. Der S4 wurde ab dem Modelljahr 1989 nur noch mit Automatik ausgeliefert und verfügte serienmäßig über ein Reifendruck-Kontrollsystem.

Mit 300 PS war der 928 S ebenso stark wie der 911 Turbo.

Der 928 S4 kam im Modelljahr 1987 mit einem neuen Fünfliter-Motor und 320 PS.

Der Porsche 928 wurde 1978 zum »Auto des Jahres« gewählt.

In den 1980er Jahren gab es tatsächlich eine Studie vom 928 als Viertürer.

Das einzige je gebaute 928 Cabriolet. Die Studie eines offenen 928 S4 ist hier im Porsche-Museum zu sehen.

TRANSAXLE

928 S4 Clubsport

Im Modelljahr 1988 gab es dann vom S4 auch eine Clubsport-Version, die vor allem durch den Verzicht auf Ausstattungsdetails 130 kg leichter war als der Serien-S4. Allein 15 kg Gewichtsersparnis brachte der Verzicht auf den PVC-Unterbodenschutz, weitere Erleichterung brachte der Entfall unter anderem von Klimaanlage, Heckscheibenwischer oder Sonnenblenden. Darüber hinaus waren die Sitze im Clubsport nicht elektrisch, sondern lediglich von Hand verstellbar. Und die im Standard-S4 verbauten Anlasser, Batterie, Lichtmaschine und Auspuffanlage waren durch leichtere Exemplare ersetzt worden. Zur Gewichtsreduzierung gesellte sich beim Clubsport natürlich auch noch ein straffer abgestimmtes und um 20 mm tiefer gelegtes Fahrwerk.

Leichter, sportlicher, aber auch weniger komfortabel ausgestattet: Der 928 S4 in der Clubsport-Variante.

928 GT

Im Frühjahr 1989 löste der 928 GT den Clubsport als sportlichere Variante des 928 S4 ab. Sein Fünfliter-Motor wurde noch etwas sportlicher getrimmt und leistete 10 PS mehr als der im Standard-S4. Äußerlich unterscheiden ließ er sich von diesem vor allem durch die schon vom Clubsport her bekannten breiten Schmiederäder, einem Doppelrohrauspuff mit zwei Endrohren und natürlich dem 928-GT-Schriftzug am Heck. Insgesamt war der 928 GT von ähnlich sportlichem Charakter wie der Clubsport, zwang seinen Käufer aber nicht wie dieser zum Verzicht auf Ausstattungsdetails, die das Reisen komfortabler machen konnten. Zudem konnte der Kunde wählen zwischen einer eher sportlichen oder einer eher komfortablen Fahrwerksabstimmung. Der GT war ausschließlich mit Fünfgang-Handschaltung lieferbar.

Von hier aus herrschte der Fahrer über die 350 PS seines 928 GTS.

928 GTS

Ab dem Modelljahr 1992 gab es nur noch einen 928, und der hieß GTS. Als einziges noch angebotenes 928-Modell bildete er gleichzeitig den Schluss- und den Höhepunkt dieser Baureihe. Vielleicht das markanteste Erkennungszeichen des GTS war sein durchgehendes Leuchtenband am Heck, in das der Schriftzug mit der Typenbezeichnung integriert war. Typisch waren außerdem die breiteren Kotflügel hinten und der in Wagenfarbe lackierte Heckflügel. Der Motor war noch einmal größer und stärker geworden, 5,4 Liter und eine auf 10,4 : 1 angehobene Verdichtung reichten für nunmehr 350 PS. Noch entscheidender für die Souveränität, mit der man in ihm fuhr, war der Drehmomentverlauf: Zwischen 1000 und 6000 Umdrehungen standen stets über 400 Nm zur Verfügung.

Ab dem Modelljahr 1992 gab es den 928 nur noch als GTS.

Das durchgehende Leuchtenband am Heck war auffälliges Merkmal des GTS.

Anfang 1989 trat der 928 GT die Nachfolge des 928 S4 Clubsport an.

Nach wie vor besonders sportlich ausgelegt, zeigte sich der GT aber deutlich komfortabler als sein Vorgänger.

UR-911

901

Vor dem eigentlichen Serienanlauf der neuen Sechszylinder-Sportwagen in Zuffenhausen gab es 1963/64 insgesamt 82 Fahrzeuge, die noch als Typ 901 hergestellt und auch an die ersten Kunden ausgeliefert wurden. Das Grundkonzept des Fahrzeugs war ein stromlinienförmiger, 2+2-sitziger-Sportwagen mit Antriebsaggregat und Getriebe im Heck und dem Kraftstofftank unter dem Gepäckraum im Fahrzeugbug. Der 901/911 verfügte wie sein Vorgänger über einen Boxermotor im Heck, allerdings handelte es sich dabei um eine komplette Neukonstruktion mit nunmehr wie gesagt sechs Zylindern, aus denen 130 PS resultierten. Der Motor besaß zwei obenliegende Nockenwellen und eine achtfach gelagerte Kurbelwelle. Ausgeliefert wurde der 901 wie zunächst auch der 911 ausschließlich mit einem Fünfgang-Getriebe.

Der 901 Nr. 57 wurde im Oktober 1964 als eines der ersten Serienmodelle des schon im Folgemonat in 911 umbenannten Sportwagens gebaut.

911 (S) Coupé

Nach dem Serienanlauf des Neunhundertelfers wurde an Verbesserungen an der Gemischaufbereitung gearbeitet, dazu wurden die Solex-Vergaser aus Deutschland durch Weber-Vergaser aus Italien ersetzt. Eingeführt wurde auch das asymmetrische Abblendlicht, das bei Nachtfahrten die benutzte Fahrbahnseite weiter ausleuchtete, ohne den Gegenverkehr zu blenden. Ab 8/1966 bot Porsche schließlich eine erste stärkere Version des 911ers an: Der Porsche 911 S konnte gegenüber dem normalen Neunelfer mit einem Leistungsplus von 30 PS aufwarten. Die Mehrleistung wurde bei gleichem Hubraum durch eine Erhöhung des Verdichtungsverhältnisses auf 9,8 : 1, schärfere Nockenwellen und einen Dreifach-Vergaser auf jeder Seite erreicht.

911 S 2.0 Coupé, Modelljahr 1967.

Die Platzverhältnisse im 911 waren erheblich großzügiger als im 356, auch der Kofferraum war merklich größer geworden.

Äußere Merkmale der ersten 911er waren unter anderem der vergoldete Porsche-Schriftzug, verchromte Stoßstangenhörner und seitliche Türschwellerleisten.

Blick ins Interieur des 901 Nummer 57.

Das 911 2,0 Coupé ging 1964 in Produktion. Die im Hintergrund zu sehenden 356 C wurden noch bis 1965 weitergebaut.

Mit dem Targa wollte Porsche sicherstellen, dass auch US-Kunden weiterhin in einem offenen Sportwagen aus Zuffenhausen fahren konnten.

Als 911 S kam der Targa wie auch das 911 S Coupé serienmäßig mit den berühmten Fuchsfelgen.

Der 911 2.0 war im Modelljahr 1967 der erste Targa von Porsche, hier auf dem Hockenheimring abgelichtet.

Die Nachfrage nach einem preislich günstigeren Modell führte 1965 zur Einführung des 912.

912

Im April 1965 vorgestellt und rund 5500 Mark günstiger als der 911, zielte der 912 preislich genau in die Lücke zwischen 356 und 911 im Porsche-Modellprogramm. Er verfügte über den 1600-ccm-Vierzylinder aus dem 356 SC, der in der Leistung von 95 auf 90 PS gedrosselt wurde, dafür aber einen besseren Durchzug erzielte. Karosserie, Fahrwerk, Bremsen und Räder des 912 unterschieden sich in kaum einem Punkt von denen des 911, trotzdem wies der 912 ein deutlich gutmütigeres Fahrverhalten auf als die ersten Exemplare des Elfers, die noch sehr schwer zu beherrschen waren. Der Grund dafür lag im deutlich leichteren Vierzylinder des 912: Der Wagen war weniger hecklastig. Als Coupé wurde der 912 von 1965 bis 1969 gebaut, in den Jahren 1967 bis 1969 wurden aber auch gut 2500 Exemplare als Targa ausgeliefert.

911 (S) Targa

Völlig neu war im Modelljahr 1967 die für die Porsche AG eingetragene Marke »Targa«, die nicht nur ein Dachsystem, sondern wie »Carrera« eine Modellkennzeichnung ist. Es handelte sich beim Targa um einen Neunhundertelfer zum »Offenfahren«. Die Sicherheit von Cabriolets war in den sechziger Jahren des vergangenen Jahrhunderts besonders in den USA Gegenstand heftiger Debatten. Porsche wollte jedoch nicht auf eine offene Sportwagen-Variante verzichten, die auch die zu erwartenden neuen Vorschriften in Amerika erfüllen konnte. Dazu diente beim Targa vor allem der sehr steife Überrollbügel, der mit dem herausnehm- und zusammenlegbaren Teil die Dachform bestimmte. Alle 911 S erhielten serienmäßig innenbelüftete Scheibenbremsen, ein Instrument zur analogen Öldruckanzeige und die neuen Porsche-Leichtmetallräder mit den markanten, oft kopierten fünf Speichen, die sogenannten »Fuchsfelgen«.

Ab 1967 gab es den 912 auch als Targa.

Ab Modelljahr 1969 war die Heckscheibe des Targas fest verbaut und beheizbar.

UR-911

911 L 2.0

1968 wurde aus dem 911 der 911 L, den es weiterhin als Coupé und als Targa gab. Serienmäßig mit einem Fünfgang-Schaltgetriebe ausgeliefert, war der 911 L jetzt auf Wunsch auch mit einem »Sportomatic« genannten Halbautomatik-Getriebe mit vier Fahrstufen erhältlich. Dabei handelte es sich um ein Schaltgetriebe, das über einen Drehmomentwandler verfügte und über eine Schaltkupplung, die von einem unterdruckgesteuerten Servomotor betätigt wurde. Der Porsche 911 L war mit Boge-Stoßdämpfern ausgestattet, verfügte über eine Zweikreis-Bremsanlage und erhielt die innenbelüfteten Scheibenbremsen aus dem 911 S. Die Räder waren jetzt 5,5 J × 15 Zoll groß.

911 T 2.0

Ebenfalls im Modelljahr 1968 gab es mit dem 911 T ein neues Einstiegsmodell in der Elfer-Baureihe. Das t stand für Touring, der Sechszylinder-Motor dieses Wagens leistete mit einer auf 8,6 : 1 heruntergeschraubten Verdichtung 110 PS. Der 911 T wurde serienmäßig mit einem Viergang-Schaltgetriebe ausgeliefert, war aber auf Wunsch wie alle Elfer dieses Jahrgangs auch mit der Sportomatic oder mit Fünfgang-Getriebe lieferbar. Bei der Sportomatic handelte es sich um ein Viergang-Getriebe, das sich ohne Kupplungspedal schalten ließ. Die abgespeckte Ausstattung des 911 T entsprach weitgehend der des 912.

911 R 2.0

Vier Jahre hatte es gedauert, bis Porsche 1967 vom 911 eine erste echte Rennversion auf die Räder stellte. Und dann ließ man – nach vier Prototypen aus Zuffenhausen – gerade einmal 20 Exemplare des Renners bei Bauer fertigen, weil man befürchtete, die für eine Homologation erforderlichen 500 Exemplare niemals verkaufen zu können. Der Aluminium-Sechszylinder-Boxer des 911 R wurde von zwei Weber-Dreifach-Vergasern beatmet, seine Leistung unter anderem durch eine höhere Verdichtung von 10,3 : 1 auf 210 PS gesteigert. Darüber hinaus nahm man bei Porsche vor allem die Gewichtsoptimierung ernst, um den neuen Sportwagen renn- und rallyetauglich zu machen: 850 statt der serienmäßigen 1020 kg Leergewicht waren ein deutliches Wort.

Im Modelljahr 1968 erhält der bisherige 911 die Bezeichnung 911 L.

Vom 911 R wurden gerade einmal 20 Exemplare gebaut. (Foto: Ben Garrett, © CC BY 2.0)

Auch die Ausstattung im 911 T zeigte sich gegenüber dem 911 L deutlich abgespeckt und entsprach in etwa der des 912.

911 L Coupé und Targa gab es auf Wunsch auch mit einem halbautomatischen »Sportomatic«-Getriebe.

Im 911 T als neuem Einstiegsmodell der 911er-Reihe war die Leistung des Sechszylinder-Boxers auf 110 PS reduziert worden.

Gegenüberstellung: 911 R der Modelljahre 1967 und 2016.

Nach nur einem Jahr wurde der 911 L schon wieder abgelöst: 911 E hieß der Neue, und er verfügte – nomen est omen – über einen Einspritzmotor.

Auch den 911 E gab es wieder als Targa. (Foto: nakhon100, © CC BY 2.0)

911 E 2.0

Der 911 E löste im Modelljahr 1969 den 911 L ab. Das E steht für Einspritzung, der 911 E verfügte jetzt über eine Bosch-Einspritzpumpe, was eine Leistungssteigerung um 10 auf 140 PS mit sich brachte. Der Radstand wurde um 57 auf 2268 mm verlängert. Die Vorderachse des 911 E wies serienmäßig hydropneumatische Federbeine auf, die den Fahrkomfort weiter erhöhten. Ursprünglich hatten die 911er eine Batterie mit 45 Ah im Fahrzeugbug. Diese wurde nun ersetzt durch zwei Batterien (je 35 Ah) hinter den beiden Hauptscheinwerfern. Das brachte eine spürbare Verbesserung der Fahrsicherheit bei schneller Geradeausfahrt. Die beiden Wischerblätter fanden ihre Endstellung jetzt links auf der Fahrerseite. So ergab sich ein besseres Sichtfeld für den Fahrer.

911 S 2.0

Auch der 911 S verfügte im Modelljahr 1969 dank mechanischer Saugrohreinspritzung über ein Leistungsplus von 10 PS. Die 911 S erhielten zur Motoröl-Kühlung neben dem Kühler im Gebläsestrom einen Zusatzkühler im vorderen rechten Kotflügel. Das Zündsystem aller Sechszylinder-Motoren wurde auf Kondensatorzündung umgestellt. Und auch beim 911 S wurde die 45-Ah-Batterie durch zwei kleinere Batterien mit je 35 Ah ersetzt. Die Kupplung für den 911 S wurde verstärkt. Auch die Bremsen wurden der steigenden Motorleistung angepasst. Die Leichtmetallräder waren jetzt vom Format 6 J × 15. An allen 911 Targa entfielen jetzt die seitlichen Lüftungsschlitze im Edelstahl-Sicherheitsbügel. Die ursprünglich verwendete flexible und herausnehmbare Heckscheibe bestand jetzt aus beheizbarem Sicherheitsglas und war fest eingebaut.

Bei allen Targa-Modellen waren ab 1969 die Lüftungsschlitze aus den Sicherheitsbügeln verschwunden.

Der 911 S verfügte im Modelljahr 1969 mit 170 über 10 Mehr-PS im Vergleich zu den vorherigen S-Modellen.

Das Kühlgebläse im Heck des 911 S erhielt jetzt Unterstützung durch einen Zusatzkühler im vorderen rechten Kotflügel.

UR-911

911 T 2.2

Im Modelljahr 1970 wurden die Motoren aller 911-Modelle durch eine Anhebung des Durchmessers der Zylinderbohrung auf 84 Millimeter im Hubraum auf 2,2 Liter vergrößert. Das sorgte nicht nur bei allen drei Modellen für eine Leistungs-, sondern vor allem auch für eine Steigerung des Drehmoments im unteren Drehzahlbereich. Die Verdichtung im vergaserbestückten Motor des 911 T lag weiterhin bei 8,6 : 1, damit leistete er jetzt 125 PS. Die neuen Motorengehäuse waren bereits auf die zu erwartenden Leistungszuwächse ausgelegt. Serienmäßig verfügte der 911 T wie gehabt über ein Viergang-Schaltgetriebe. Und wie 911 E und 911 S schon vor ihm, war jetzt auch der 911 T rundum mit innenbelüfteten Scheibenbremsen ausgestattet.

911 E 2.2

Der Einspritzmotor im 911 E leistete nach der im Modelljahr 1970 erfolgten Hubraumvergrößerung auf 2,2 Liter bei einer Verdichtung von 9,1 : 1 jetzt 155 PS, die serienmäßig über ein Fünfgang-Schaltgetriebe auf die Hinterräder wirkten. Die Viergang-Sportomatic war wie beim 911 T auf Wunsch auch für den 911 E erhältlich. Bei allen 911-Modellen war ab jetzt die gesamte Bodengruppe aus feuerverzinktem Blech, beim 911 E wurden wie beim 911 S die Motorraumabdeckung und der Mittelteil der Stoßstangen aus Aluminium gefertigt, um Gewicht zu sparen. Die Targa-Modelle erhielten ein leichteres Faltdach. Der Innenraum wurde bei allen 911-Modellen aufgewertet, die Aschenbecher waren jetzt beleuchtet, und das Zündschloss wies nun vier Stellungen auf. Neu gestaltete Türgriffe außen verfügten jetzt über einen Betätigungshebel auf der Innenseite des Griffs.

911 S 2.2

Als stärkster Elfer im Modeljahr 1970 präsentierte sich der 911 S mit 180 PS, die er aus dem 2,2-Liter-Motor schöpfte. Zusätzlich zu einem Kurbelgehäuse aus Magnesium und Kurbelwellen aus geschmiedetem Stahl, über die alle aktuellen 911-Modelle verfügten, besaß der Motor des 911 S auch geschmiedete Kolben. Biral-Zylinder wiesen nur der 911 E und der 911 S auf. Gemeinsam wiederum wiesen alle drei Modelle als Neuheit für eine einfachere Bedienung zwei Kombihebel an der Lenksäule auf, der eine für Scheibenwischer/-wascher, der andere für Blinker und Lichthupe. Der 911 S als der sportlichste Elfer war nur mit einem manuell zu schaltenden Fünfgang-Getriebe lieferbar.

Im 911 E sorgte der auf 2,2 Liter vergrößerte Hubraum jetzt für 155 PS.

Im Modelljahr 1970 war das Einstiegsmodell 911 T auf 125 PS erstarkt.

Nach wie vor musste sich der 911 T mit einem Viergang-Schaltgetriebe begnügen, optional gab es aber auch die Sportomatic.

Die Targa-Modelle verfügten jetzt über ein leichteres Faltdach.

Auf eine Sportomatic musste der Fahrer eines 911 S verzichten: Den seinerzeit sportlichsten 911er gab es nur mit Fünfgang-Handschaltung.

Das Spitzenmodell 911 S schöpfte aus den 2,2 Litern Hubraum sogar 180 PS.

Selbst der 911 T als schwächster 911er spurtet noch in deutlich weniger als zehn Sekunden auf Tempo 100.

Das Lüftungsgitter auf der Motorhaube war jetzt schwarz.

Mit nunmehr 130 PS ist der 911 T des Modelljahrs 1972 jetzt so stark wie der erste 911 von 1964. Sein Drehmoment allerdings ist erheblich höher.

Hinter dem »Tankdeckel« verbarg sich in Wahrheit ein Öl-Einfüllstutzen.

911 T 2.4

Auf 2,4 Liter angewachsen war im Modelljahr 1972 der Hubraum der Sechszylinder-Boxer-Motoren, die 911 T, 911 E und 911 S antrieben. Alle waren sie abgasentgiftet und kamen dank einer geringeren Verdichtung jetzt mit Normalbenzin aus. Porsche reagierte damit auf verschärfte Abgasgesetze in den USA. Trotz der geringeren Verdichtung war es gelungen, Leistung und Drehmoment der Motoren im Vergleich zu denen der Vorgängermodelle nochmals anzuheben. Vor allem dem stärkeren Durchzug trug auch eine neue Getriebegeneration Rechnung. Alle Elfer wurden jetzt serienmäßig nur noch mit Viergang-Getriebe ausgeliefert. Ebenfalls bei allen Modellen war der Radstand um drei Millimeter vergrößert worden.

911 E 2.4

Die Ausstattung des 911 E wurde der des 911 T angeglichen. Äußerlich erkennbar waren die 911er des 72er-Jahrgangs außer an der Beschriftung »2.4« auch an den schwarzen Lüftungsgittern in der Motorhaube und an einer Klappe im rechten hinteren Kotflügel, hinter der sich der Öleinfüllstutzen verbarg. Weil es hier aber auch zu Verwechslungen mit dem Einfüllstutzen des Benzintanks kam, wurde diese Lösung schon ein Jahr später wieder rückgängig gemacht, im Modelljahr 1973 war der Öltank wieder hinter der Hinterachse und der Öleinfüllstutzen im Motorraum. Für den Fahrer auffälligste Änderung dürfte allerdings das neue Schaltschema gewesen sein, der 1. Gang lag jetzt in allen Modellen links vorne, der 2. befand sich in der Schaltgasse darunter.

911 S 2.4

Der 911 S des Modelljahrs 1972 erhielt serienmäßig einen Frontspoiler, der bei hohen Geschwindigkeiten den Auftrieb reduzierte und so für größere Richtungsstabilität sorgte. Auf Wunsch gab es diesen Spoiler auch für 911 E und t, sodass er als Unterscheidungsmerkmal nur bedingt taugte. Als einziger Elfer verfügte der 911 S an Vorder- und Hinterachse über Stabilisatoren mit einem Durchmesser von 15 Millimetern. Das Fünfgang-Getriebe, welches das Vorgängermodell noch serienmäßig an Bord hatte, gab es beim neuen 911 S (wie auch für E und t) nur noch als Sonderausstattung, dafür ließ sich jetzt – wenn auch ebenfalls nur mit Aufpreis – auch für den S die Sportomatic ordern.

Der Frontspoiler war nur beim 911 S serienmäßig, bei 911 T und 911 E stand er in der Aufpreisliste.

Im 911 E war die serienmäßige Ausstattung jetzt an die des 911 T angeglichen worden

UR-911

911 Carrera RS 2.7

Vorgestellt auf dem Pariser Automobilsalon 1972, sorgte der als Basis-Fahrzeug für den Motorsport vorgesehene Porsche 911 Carrera RS 2.7 bereits bei seinem Erscheinen für weltweites Aufsehen. Der leistungsgesteigerte Sechszylinder-Boxer mit 210 PS beschleunigte den gewichtsreduzierten Hochleistungssportwagen in nur 6,3 Sekunden auf 100 km/h. Eine Höchstgeschwindigkeit von über 240 Kilometern pro Stunde machte ihn zum seinerzeit schnellsten deutschen Serienautomobil. Front- und Heckspoiler – letzterer ob seiner Form auch »Entenbürzel« genannt – sorgten in Verbindung mit den hinteren Kotflügelverbreiterungen für die entsprechende Fahrstabilität. Der Carrera RS war der erste Porsche, der hinten breitere Felgen hatte als vorn. Damit ließen sich erheblich größere Querbeschleunigungen realisieren.

Um schneller Kurvenfahrten zu ermöglichen, hatte der Carrera RS hinten breitere Reifen als vorn.

Eine Rallye-Variante als Ausstellungsstück im Porsche-Museum: Der 911 Carrera RS »Safari«.

Einer der berühmtesten »zivilen« Porsche: Der 911 Carrera RS 2.7.

Vom ersten Carrera RS wurden 1580 Exemplare gebaut.

Dieser seitliche »Carrera«-Probeschriftzug (Aufnahme von August 1972) konnte sich nicht durchsetzen.

Der »Entenbürzel« des Hochleistungssportwagens.

G-SERIE

911 2.7

Mit dem Anlauf zur G-Serie, wie die zweite Generation der 911er genannt wurde, hatten die Motoren der 911-Modelle im Modelljahr 1974 einen Hubraum von 2,7 Litern, aus denen das Basismodell 150 PS schöpfte. Im Fahrgastraum verfügten die völlig neu konzipierten Sitze jetzt über eine integrierte, starre Kopfstütze. Äußerlich gut erkennbar waren die 911er der G-Serie an den auffälligen Faltenbälgen an den Stoßstangen, die einem neuen US-Gesetz geschuldet waren, wonach Fahrzeuge einen Aufprall mit bis zu 5 mph unbeschadet überstehen mussten. Ebenfalls auffällig: Zwischen den Rückleuchten fand sich jetzt eine rote Blende mit schwarzem Porsche-Schriftzug.

Ab dem Modelljahr 1976 erhielten alle Porsche sechs Jahre Garantie gegen Korrosion der Bodengruppe, die – wie auch tragende Teile der gesamten Karosserie – aus beidseitig feuerverzinkten Stahlblechen gefertigt wurde. Außerdem gab es eine einjährige Garantie ohne Kilometerbegrenzung auf das komplette Fahrzeug. Weil es ab diesem Modelljahr mit dem 924 ein neues Einstiegsmodell aus dem Hause Porsche gab, wurde das 911-Programm gestrafft: Der 911 S entfiel, das Basismodell war der einzige 911er, der jetzt noch mit einem 2,7-Liter-Motor auskommen musste. Allerdings wurde dieser mit 8,5 : 1 höher verdichtet, wodurch die Leistung auf 165 PS anstieg. Das für die Saugmotoren in 911 und 911 Carrera erhältliche Sportomatic-Getriebe besaß jetzt nur noch drei Fahrstufen.

911 S 2.7

Der 911 S wurde wie die anderen 911er des Modelljahrs 1974 serienmäßig mit einem Viergang-Schaltgetriebe ausgeliefert, eine Fünfgang-Schaltung war ebenso wie die Viergang-Sportomatic nur auf Wunsch und gegen Aufpreis erhältlich. Bei allen 911ern mit Schaltgetriebe ließ sich die Kupplung jetzt mit spürbar geringerem Kraftaufwand betätigen. Die als Mehrausstattung bislang lieferbaren niveauregulierenden hydropneumatischen Federbeine waren nicht mehr erhältlich. Die Targa-Modelle wurden zunächst mit einem festen Kunststoffdach ausgeliefert, das sich herausnehmen ließ. Das bis dato verwendete Faltdach war in dieser Zeit nur als Sonderausstattung erhältlich, doch dauerte es nicht lange, bis das feste Dach wieder aus dem Programm verschwand und das Faltdach erneut zur Serie wurde.

912 E

Rund zehn Jahre nach dem ersten 912 erscholl aus den USA erneut der Ruf nach einem günstigeren Porsche, der mit dem ausschließlich für den US-Markt gebauten 912 E beantwortet wurde. Dieser besaß – in der Karosserie des 911 2.7 – den 2-Liter-Vierzylinder aus dem 914/4 und war in der Ausstattung gegenüber dem 911 etwas bescheidener gehalten. Der 912 E wurde 1976 nur ein Jahr lang gebaut, 2099 Exemplare rollten in diesem Zeitraum vom Band. Er kostete in den USA 10.845 Dollar.

Im 911 S 2.7, gebaut nur in den Modelljahren 1974 und 1975, lieferte der 2,7-Liter-Motor 175 PS.

Phantomzeichnung eines 911 2.7 Coupés von 1974.

Der 912 E wurde nur 1976 und nur für die USA gebaut.

1976 war die Leistung im 911 2.7 dank höherer Verdichtung auf 165 PS gestiegen.

Auffällig bei allen G-Modellen: Die rote Blende zwischen den Rückleuchten mit schwarzem »Porsche«-Schriftzug.

911 2.7 Targa von 1974. Umfangreiche Änderungen an der Karosserie markierten auch optisch den Start der G-Serie.

Ab Werk verfügte der Carrera über ein Viergang-Getriebe, fünf Gänge kosteten Aufpreis, die Sportomatic war gar nicht zu haben.

Die etwas verbreiterten Kotflügel waren ein Erkennungsmerkmal des 911 Carrera 2.7.

Der erste Turbo von Porsche: 911 Turbo 3.0 von 1975.

Einmal mehr hatte Porsche mit dem 911 Turbo das seinerzeit schnellste Serienauto (250 km/h) im Portfolio.

Harald Wagner (links) übergibt einen 911 Turbo 3.0 des Modelljahrs 1976 an Familie Pietsch.

911 Carrera 2.7

Anders als bei 911 und 911 S arbeitete im Motor des 911 Carrera die bewährte Saugrohreinspritzung aus dem Carrera RS, wie sich auch überhaupt die Motordaten des 911 Carrera im Modelljahr 1974 nicht von denen des Carrera RS aus dem vorangegangenen Modelljahr unterschieden. Anders als der 73er-RS jedoch wurde der 911 Carrera 2.7 serienmäßig nur mit einem manuell zu schaltenden Viergang-Getriebe ausgestattet, das Fünfgang-Getriebe des RS war für ihn nur gegen Aufpreis, die Viergang-Sportomatic gar nicht erhältlich. Zur Innenausstattung im Carrera gehörte ein Dreispeichen-Lederlenkrad, im Coupé gab es serienmäßig auch elektrische Fensterheber. Äußerlich unterschied sich der Carrera vom 911 und vom 911 S durch die etwas verbreiterten hinteren Kotflügel.

Vom 911 Carrera RS 3.0 wurden ganze 110 Exemplare gebaut.

911 Carrera RS 3.0

Der 911 Carrera RS 3.0 des Modelljahrs 1974 war in erster Linie als Gruppe-3-Fahrzeug für Rallyes und Rennen ausgelegt, besaß aber auch eine Straßenzulassung. Weit überwiegend wurde er von Kundenteams in Rennen eingesetzt. Zur Steigerung der Wettbewerbstauglichkeit wurde das Fahrzeuggewicht konsequent reduziert, beispielsweise waren Stoßstangen, Kofferraum- und Motorhauben aus glasfaserverstärktem Kunststoff. Für den Fahrer stand im RS eine Recaro-Leichtbauschale zur Verfügung, der Beifahrer nahm in einem Recaro-Rennsitz Platz. Die Kotflügel waren beim 911 Carrera RS mit Stahlteilen so verbreitert worden, dass vorn 9- und hinten sogar 11-Zoll-Räder Platz fanden. Allerdings wurde das Fahrzeug ab Werk »nur« mit 8- bzw. 9-Zoll-Rädern ausgeliefert.

911 Turbo 3.0

Ein erster, besonders leichter Porsche Carrera Turbo war 1973 auf der IAA in Frankfurt zu bewundern, doch als kurz darauf das Motorsportreglement geändert wurde, verzichtete Porsche auf die radikale Leichtbauweise. So wurde auf dem Pariser Salon 1974 ein ziemlich luxuriös ausgestatteter Porsche 911 Turbo vorgestellt, der dann im Modeljahr 1975 auf den Markt kam. Intern als 930 bezeichnet, imponierte der Wagen schon rein äußerlich durch seine breiten Kotflügel, seine überbreiten Reifen und den wuchtigen Heckspoiler. 260 PS und ein maximales Drehmoment von 343 Nm reichten dem turbogeladenen Dreiliter-Motor, um den Wagen auf eine Höchstgeschwindigkeit von 250 km/h zu katapultieren: Der 911 Turbo war seinerzeit das schnellste Serienauto Deutschlands.

Herzstück des ersten 911 Turbo: Der 3-Liter-Boxermotor mit Turboaufladung.

G-SERIE

911 Carrera 3.0

Im Modelljahr 1976 wurde der 911 S aus dem Programm gestrichen, und der 911 Carrera erhielt einen Dreiliter-Motor, der 200 PS leistete. Auch dieser Motor verfügte nun über eine K-Jetronic von Bosch. Das Drehmoment des Boxers war mit 255 Nm nicht höher als das des nur 2,7 Liter großen Vorgängers, lag aber bereits bei 4200 U/min an. Serienmäßig wurde der 911 Carrera 3.0 mit vier Gängen ausgeliefert, auf Wunsch waren aber auch ein Fünfgang-Getriebe oder – ohne Aufpreis – eine Dreigang-Sportomatic erhältlich. Äußeres Kennzeichen des 911er-Jahrgangs 1976 waren die von innen verstellbaren Außenspiegel in Wagenfarbe. Ab Modelljahr 1977 erhalten 911 Carrera, 911 Turbo und der Basis-911 mit Sportomatic einen Unterdruck-Bremskraftverstärker.

911 Turbo 3.3

Mit 300 PS war der neue 911 Turbo der stärkste Serien-Porsche, der bis zu diesem Zeitpunkt je erschienen war. Seine enorme Leistung schöpfte er aus dem auf 3299 ccm vergrößerten Hubraum, eine Erhöhung der Verdichtung auf 7,0 : 1 und ein Ladeluftkühler trugen das ihre zur beeindruckenden Kraftentfaltung bei. Letzterer ließ zudem den Heckspoiler noch etwas voluminöser ausfallen. Die Bremsen des Turbo waren vom Rennwagen 917 abgeleitet, die Bremsscheiben waren gelocht, und erstmals wurden beim Turbo auch in einem Serienfahrzeug die von Porsche entwickelten Vierkolben-Festsattel-Bremszangen aus Leichtmetall eingebaut. Den 911 Turbo 3.3 gab es ab Modelljahr 1983 auch in einer sogenannten »Flachbau«-Version mit Klappscheinwerfern aus dem Porsche 944.

1981 gab es vom 911 Turbo auch eine Cabrio-Studie. Das erste 911-Cabrio, das in Serie gebaut wurde, ließ dann aber noch zwei Jahre auf sich warten, und es war auch kein Turbo ...

Ab Modelljahr 1983 gab es den 911 Turbo 3.3 auch in einer Flachbau-Variante mit Klappscheinwerfern.

Mit 230 km/h etwas langsamer, aber durchzugsstärker als sein Vorgänger: 911 Carrera 3.0 Coupé.

Kein Serien-Porsche war bis zu seinem Erscheinen Ende 1977 stärker gewesen: 911 Turbo 3.3 mit 300 PS.

An den in Wagenfarbe lackierten, von innen verstellbaren Außenspiegeln ließ sich der 911-Modelljahrgang 1976 erkennen.

Der 911 Carrera 3.0 Targa verfügte wieder über ein herausnehmbares Faltdach.

G-SERIE

911 SC 3.0

Zum Modelljahr 1978 war der Carrera wieder aus dem Porsche-Modellprogramm gestrichen worden, neben dem Turbo gab es jetzt nur noch einen anderen Elfer, den 911 SC. In dessen Kürzel, das in Erinnerung an einen einstigen 356er für »Super Carrera« stand, lebte der Carrera dann aber doch noch weiter. Und auch die Karosserie des SC entsprach dem Format des alten Carrera. Der Dreiliter-Boxer allerdings leistete nur noch 180 PS, 20 PS weniger als im Carrera, dafür lag jedoch sein Drehmoment mit 265 Nm höher. Ab Werk verfügte der Porsche 911 SC über ein Fünfgang-Getriebe, auf Wunsch konnte er jedoch auch mit der Dreigang-Sportomatic geliefert werden. Serienmäßig gab es Stabilisatoren an Vorder- und Hinterachse sowie einen Bremskraftverstärker.

Im Modelljahr 1980 kam der 911 SC dann mit einer geringfügig gesteigerten Leistung: Ein effektiveres Kühlgebläse und eine bessere Ölkühlung durch die Verwendung des Ölkühlers aus dem 911 Turbo brachten acht Mehr-PS, die sich in den Fahrleistungen aber nicht messbar niederschlugen. Der 911 SC konnte nach wie vor mit Normalbenzin gefahren werden, 90 Oktan waren ausreichend. Im Inneren erhielt der aktuelle SC jetzt ein Dreispeichen-Sicherheitslenkrad, ein Werksradio und elektrische Fensterheber gehörten nun ebenfalls zur Ausstattung. Alle 911-Modelle hatten ab dem Modelljahr 1980 Tachometer mit einer neuen Einteilung, die Teilstriche entsprachen jetzt einer Geschwindigkeitsdifferenz von jeweils 20 km/h.

Eine erneute Leistungssteigerung beim 911 SC 3.0 im Modelljahr 1981 brachte nochmals 16 zusätzliche PS, der Sechszylinder leistete jetzt 204 PS. Erreicht wurde dies durch eine Erhöhung der Verdichtung auf 9,8 : 1 und geänderte Steuerzeiten. Auf diese Weise wurde auch der Kraftstoffverbrauch gesenkt, allerdings verlangte der Motor jetzt nach Superbenzin mit 98 Oktan. Der stärkere Motor brachte spürbar bessere Fahrleistungen mit sich. Die Garantie gegen Durchrostung war jetzt auf sieben Jahre angehoben worden und erstreckte sich auf die gesamte Karosserie. Das halbautomatische Sportomatic-Getriebe war nicht mehr lieferbar. Alle Porsche-Fahrzeuge erhielten jetzt Seitenblinker auf den beiden vorderen Kotflügeln.

Im Frühjahr 1983 brachte Porsche dann endlich auch eine Cabrio-Version des 911ers auf den Markt. In seinem letzten Modelljahr erhielt der 911 SC als Cabriolet eine an mehreren Stellen versteifte Karosserie als Ausgleich für den fehlenden Targa-Bügel. Insbesondere die Versteifungen in der Bodengruppe machten den offenen Neunelfer extrem verwindungssteif. Das Cabriodach besaß eine neue Spriegeltechnik und bestand zu großen Teilen aus Stahlblechprofilen, die quasi die Hälfte des Verdecks in ein Festdach verwandelten. Die Betätigung erfolgte seinerzeit noch manuell. Mittels eines Reißverschlusses konnte die flexible Heckscheibe geöffnet werden. Zur besseren Sicht nach hinten erhielt das 911 Cabriolet zwei elektrisch verstell- und beheizbare Außenspiegel.

1983 erschien das erste serienmäßig gebaute 911-Cabrio: 911 SC 3.0 Cabriolet.

Ab Modelljahr 1982 verfügten alle Porsche-Modelle über Seitenblinker an den vorderen Kotflügeln.

Auf die gesamte Karosserie bot Porsche ab Modelljahr 1982 sieben Jahre Garantie gegen Durchrostung.

Etwa die Hälfte des Cabrio-Verdecks ließ sich dank verbauter Stahlblechprofile als Festdach werten.

Auch den 911 SC 3.0 gab es wieder als Targa.

Nur das »C« in »911 SC« erinnerte im Modelljahr 1978 noch an die Bezeichnung »Carrera« für einen 911er.

Aus dem auf 3164 ccm vergrößerten Hubraum entsprangen 231 PS.

Die Höchstgeschwindigkeit des Carrera 3.2 Coupés betrug 245 km/h.

In die Bugschürze waren serienmäßig Nebelscheinwerfer integriert.

911 Carrera 3.2 Coupé

Mit Beginn des Modelljahres 1984 löste der neue 911 Carrera mit 3164 ccm Hubraum den 911 SC im 911-Programm ab. Maßgebliche Neuerungen an diesem 3,2-Liter-Aggregat betrafen die digitale Motor-Elektronik, die mit Schubabschaltung und Leerlauf-Füllungsregelung den Spritverbrauch spürbar reduzierte. Ein alter Schwachpunkt der Boxermotoren wurde mit einem verstärkten Kurbelgehäuse und einem verbesserten Kettenspanner ausgemerzt. Zur reichhaltigen Serienausstattung gehörten unter anderem eine getönte Heckscheibe, elektrische Fensterheber, elektrisch einstell- und beheizbare Außenspiegel sowie eine Scheinwerfer-Reinigungsanlage. Das Carrera-Coupé gab es von Anfang an auch im Turbolook, zu dem nicht nur die Karosserie, sondern unter anderem auch das Fahrwerk, die Bremsanlage und die 16-Zoll-Schmiederäder der Turbo-Version gehörten.

Es gab wieder einen »Carrera«: Der 911 Carrera 3.2 löste im Modelljahr 1984 den 911 SC ab.

Dieser 911 Carrera 3.2 aus dem Porsche-Museum steht auf den seinerzeit optional erhältlichen Fuchsfelgen.

Die Heckscheibe war ab Werk grün getönt.

G-SERIE

911 Carrera 3.2 Targa / Cabrio

Ebenfalls von Anfang an gab es den 911 Carrera 3.2 auch als Targa und als Cabriolet. Wie das Coupé, so waren auch diese beiden Karosserieversionen optional mit einem Bugspoiler und einem Heckflügel erhältlich, die für eine bessere Straßenlage und eine geringfügig höhere Maximalgeschwindigkeit sorgten. Serienmäßig waren alle 911 Carrera mit einer verstärkten Bremsanlage mit größerem Bremskraftverstärker ausgerüstet, außerdem erhielten alle Fahrzeuge eine Bremsbelagverschleißanzeige. Im Modelljahr 1986 wurde die Langzeitgarantie gegen Durchrostung für alle Porsche auf zehn Jahre ausgedehnt. Und erstmals in diesem Modelljahr bot Porsche auch einen Carrera mit Katalysator an, dessen Motor dann allerdings »nur« 207 statt 231 PS leistete.

Ab dem Modelljahr 1985 schließlich war der Turbolook auch für Targa und Cabrio erhältlich, und auch hier umfasste dieser »Look« wie beim Coupé neben der Karosserieform auch Fahrwerk, Bremsanlage und 16-Zoll-Schmiederäder der Turbo-Version. Weil jedoch das Turbo-Fahrwerk deutlich höhere Kräfte übertragen kann, müssen bei Targa und Cabriolet im Turbolook Verstärkungen an der Karosserie vorgenommen werden.

Alle Sechszylinder-Fahrzeuge bei Porsche erhalten ab diesem Modelljahr eine neuen Sitzgeneration. Auf Wunsch sind außer den Serien- auch Sport- oder Komfortsitze erhältlich. Zur Serienausstattung gehören Vierspeichen-Lenkrad, elektrisch beheizbare Scheibenwaschdüsen, Radiovorbereitung, vier Lautsprecher und eine in die Frontscheibe integrierte Antenne.

Der Turbolook beinhaltete bei allen Karosserievarianten Fahrwerk, Bremsen und Räder des 911 Turbos.

Der 3,2-Liter-Sechszylinder-Boxermotor des 911 Carrera 3.2.

Die Heckscheibe hinter dem festen schwarzen Überrollbügel des Targas bestand aus Sicherheitsglas.

Im 911 Carrera 3.2 Cabrio nahm man serienmäßig auf Ledersitzen Platz.

Der Turbolook machte bei Cabrio und Targa zusätzliche Karosserieversteifungen notwendig.

911 Carrera 3.2 Targa mit den serienmäßigen Felgen im »Telefon-Design«.

G-SERIE

911 SC/RS 3.0

Für den Motorsport gedacht war der in der Gruppe B homologierte 911 SC/RS (mit Straßenzulassung), den Porsche im Kalenderjahr 1984 in einer Kleinserie von 20 Exemplaren fertigte. Sein Dreiliter-Triebwerk basierte auf dem Motor des 911 SC, Karosserie, Fahrwerk, Bremsen und Räder waren vom 911 Turbo aus der Serie übernommen worden. Die Leistung des Saugmotors war nur moderat angehoben worden auf 250 PS, unter anderem durch eine höhere Verdichtung und den Einsatz der Zylinderköpfe aus dem 935 mit höherem Ventilhub. Die verbesserten Fahrleistungen des 911 SC/RS waren aber vor allem auch auf die Maßnahmen zur Gewichtsreduzierung zurückzuführen. Zu ihnen zählte neben dem Einsatz von Aluminium, Kunststoff und Dünnglas unter anderem auch der Verzicht auf die hinteren Sitze.

Der 911 SC/RS hatte zwar eine Straßenzulassung, wurde aber überwiegend bei Rallyes eingesetzt.

911 Turbo 3.3 Targa / Cabriolet

Ab Frühjahr 1987 war der 911 Turbo auch als Targa oder als Cabriolet zu haben. Die umfangreiche Serienausstattung der Turbo-Modelle, zu der jetzt auch elektrisch verstellbare Sitze und beim Cabrio beispielsweise eine elektrische Verdeckbetätigung zählten, wurde im Modelljahr 1988 durch einen zweiten elektrisch einstellbaren Außenspiegel auf der Beifahrerseite auch für Coupé und Targa (beim Cabriolet war er wie schon beim Carrera von Anfang an serienmäßig) sowie ein Lautsprecher-Mehrwegsystem noch weiter aufgewertet. Wichtiger aber fiel eine Änderung aus, die mit dem Modelljahr 1989 in den 911 Turbo Einzug hielt: Das Top-Modell bekam jetzt endlich auch die längst fällige Fünfgang- statt der bisherigen Viergangschaltung.

911 Carrera 3.2 Clubsport

Ab Modelljahr 1988 bot Porsche den Carrera auch in einer Clubsport-Version an. Ohne dass deren Motor in der Leistung gesteigert worden wäre, untermauerte diese Version ihren sportlichen Charakter vor allem durch Gewichtserleichterung, erreicht mittels der Kunst des Weglassens. Es entfielen beispielsweise die Rücksitze, Seiten- und Rückwandverkleidungen, Dämmmaterial, Radiovorbereitung und elektrische Fensterheber. In der Summe brachte das ein Minus von rund 100 kg gegenüber einem gut ausgestatten Carrera. Ein straffer abgestimmtes Fahrwerk und eine um gut 300 Umdrehungen heraufgesetzte Abregeldrehzahl waren weitere Maßnahmen zur Steigerung der Sportlichkeit. Höchstgeschwindigkeit und Preis waren gleich wie beim Standard-Carrera.

Ab Frühjahr 1989 gab es den 911 Turbo auch als Cabrio ...

... und als Targa.

Nur 20 Exemplare wurden vom 911 SC/RS gebaut.

Gewichtserleichterung statt Leistungsplus: 911 Carrera 3.2 Clubsport.

Erst in seinem letzten Modelljahr 1989 erhielt auch der 911 Turbo der G-Serie ein Fünfgang-Getriebe.

Die Fuchs-Felgen waren bei allen 911 Carrera serienmäßig.

911 Carrera 3.2 Speedster

In der zweiten Hälfte des Modelljahrs 1989 war der 911 Carrera auch als Speedster lieferbar, in Deutschland allerdings nur in der Turbolook-Version. Von der schmaleren »Normal«-Version wurden lediglich 171 Exemplare gebaut, die ausschließlich in den Export gingen. Wie beim normalen Carrera gehörten auch beim Speedster zum Turbolook Fahrwerk, Bremsen und Räder des 911 Turbo, nicht allerdings die Spoiler vorne und hinten. Die für den Speedster typische verkürzte Windschutzscheibe konnte abgenommen werden. Das Verdeck ließ sich nur manuell betätigen und wurde im geöffneten Zustand unter einer mit zwei Höckern versehenen Kunststoffabdeckung verstaut. Auch die Seitenscheiben mussten mittels einer Kurbel von Hand hoch- oder runtergedreht werden, zum Zuziehen der Türen dienten simple Schlaufen.

Die Windschutzscheibe ließ sich bei den Speedster-Modellen abnehmen.

Der Speedster ohne den Turbolook: Nur 171-mal und nur für den Export gebaut.

Das manuell zu betätigende Verdeck wurde unter der Kunststoffabdeckung mit den zwei Höckern verstaut.

Turbolook, aber ohne die Spoiler des Turbos: 911 Carrera 3.2 Speedster.

In der Ausstattung zeigte sich der Speedster von der sparsamen Seite.

Die Karosserie des 911 Carrera der Baureihe 964 war aerodynamisch stark verbessert worden.

Die Servolenkung im Carrera 4 war die erste überhaupt in einem 911er.

Der Hubraum des völlig neu entwickelten Motors betrug exakt 3600 ccm.

911 Carrera 4 / Carrera 2 3.6 Coupé

Parallel zu den letztmals angebotenen alten 911-Modellen der G-Serie präsentierte Porsche im Modelljahr 1989 mit dem allradgetriebenen Carrera 4 Coupé das erste Modell der neuen Baureihe 964. Ein Jahr später gab es dann auch den Carrera 2 mit Heckantrieb. Obwohl noch immer auch auf den ersten Blick als Elfer erkennbar, war es gelungen, die Aerodynamik stark zu verbessern, nicht zuletzt durch einen völlig glatten Unterboden und den bei 80 km/h automatisch ausfahrenden Heckspoiler. Eine komplette Neuentwicklung war der 3,6 Liter große Boxermotor, die Leistung von nunmehr 250 PS war bei Modellen mit und ohne Katalysator die gleiche. Als Sonderwunsch musste denn auch beim neuen Elfer nicht mehr der Katalysator, sondern der Verzicht auf denselben geäußert werden.

Bei 80 km/h fuhr der Heckspoiler des neuen Carreras automatisch aus.

Die Höchstgeschwindigkeit des 250 PS starken Carrera 4 lag bei 260 km/h.

Als Carrera 2 mit Heckantrieb kam der neue 911 erst ein knappes Jahr nach dem Carrera 4 auf den Markt.

964

911 Carrera 4 / Carrera 2 3.6 Targa / Cabriolet

Zeitgleich mit Erscheinen des Carrera 2 Coupés gab es ab Oktober 1989 Carrera 4 und Carrera 2 auch als Targa und als Cabriolet. Ab Modelljahr 1990 erhielten alle 911 Carrera mit Schaltgetriebe Zweimassen-Schwungräder, die die Vibrationen bei Fahrten mit niedriger Motordrehzahl wirksamer dämpften. Für den Carrera 2 wurde neben dem serienmäßigen Fünfgang-Schaltgetriebe ein völlig neues Viergang-Automatik-Getriebe angeboten, die Porsche-Tiptronic. Mit dieser Tiptronic konnte der 911 wie mit einem herkömmlichen Automatik-Getriebe in Wählhebelstellung »D« im Straßenverkehr »automatisch« gefahren werden, es konnte aber durch Antippen des Schalthebels der nächste Gang auch von Hand »geholt« werden.
Auch in der Cabriolet-Variante waren Carrera 4 und Carrera 2 mit dem neuen Motor M 64/01 bestückt. Die Grundkarosserie war bei Carrera 4 und Carrera 2 stets die gleiche, ob als Coupé, Targa oder Cabriolet. Die Cabriolets erhielten generell eine automatische, vollelektrische Verdeckbetätigung. Im Modelljahr 1990 waren alle Carrera-Modelle auf Wunsch mit Airbags für Fahrer und Beifahrer lieferbar, ab Februar 1991 war dieses Sicherheitsmerkmal dann für alle Linkslenker serienmäßig. Die Tiptronic war jetzt so ausgelegt, dass der Zündschlüssel nur abgezogen werden konnte, wenn der Wählhebel in Stellung P (Parken) stand, und dass aus Stellung P oder N (Neutral) nur ein Gang eingelegt werden konnte, wenn gleichzeitig die Fußbremse betätigt wurde.

Die 911-Modellfamilie im Porsche-Modelljahr 1990: Cabrio, Targa und Coupe. Die Karosserien von Carrera 2 und Carrera 4 waren nahezu identisch.

Das Verdeck wurde im 911 Carrera selbstredend elektrisch betätigt.

Für den Carrera 2 gab es mit der Tiptronic erstmals in einem 911 auch ein automatisches Getriebe.

Über einen Schalter in der Mittelkonsole ließ sich der Heckspoiler auch manuell aus- und einfahren.

Targa und Coupé verfügten jetzt auch über Automatikgurte auf den hinteren Sitzen.

Auch das Fahrwerk im 911 der Baureihe 964 war eine komplette Neuentwicklung.

Der 911 Turbo S brachte im Modelljahr 1992 dann eine deutliche Leistungssteigerung auf nunmehr 381 PS.

Der Turbo S war der erste Straßen-Porsche mit 18-Zoll-Alufelgen ab Werk.

Leistungssteigerungen paart man am besten mit Gewichtsreduzierung: Der Turbo S wog 180 kg weniger als sein schwächerer Bruder.

Schalensitze und (gewichts-)reduzierte Ausstattung im Innenraum des 911 Turbo S.

911 Turbo (S) 3.3

Nur mit Fünfgang-Schaltgetriebe und Heckantrieb war der neue 911 Turbo zu haben, der nach einem turbolosen Jahr im Modelljahr 1991 das 911-Programm der 964-Generation vervollständigte. Ausgestattet mit einem neu entwickelten, im Vergleich zum Motor des Vorgänger-Turbos leistungsgesteigerten und gleichzeitig schadstoffreduzierten 3,3-Liter-Motor, konnte sich der neue Turbo in den Fahrleistungen allerdings nicht mehr mit der von manchen vielleicht gewünschten Deutlichkeit von den aktuellen Saugern absetzen. Die dennoch spürbare Leistungssteigerung war in erster Linie einem größeren Abgasturbolader zu verdanken, aber auch elektronische Kennfeldzündung und ein größerer Ladeluftkühler trugen zu den 20 Mehr-PS bei. Fahrwerk, Bremsen und ABS waren angepasst beziehungsweise neu abgestimmt.

1992 dann präsentierte Porsche auf dem Genfer Automobil-Salon mit dem 911 Turbo S ein leistungsgesteigertes Sondermodell des Turbo, von dem nur 86 Exemplare gebaut werden sollten. Erkennbar war es unter anderem an den Lufteinlässen in den Heckseitenteilen und dem ganz in Wagenfarbe lackierten Heckspoiler. Die Leistungssteigerung um 61 auf nunmehr 381 PS verdankte der 3,3-Liter-Boxer geänderten Nockenwellen, einer leichten Erhöhung des Ladedrucks, veränderten Steuerzeiten und Feinarbeit an den Ansaugwegen. Das Fahrwerk war um 40 Millimeter tiefergelegt und einmal mehr straffer abgestimmt, das Fahrzeuggewicht deutlich reduziert worden.

Die Leistungssteigerung auf 320 PS im neuen 911 Turbo war unter anderem einem größeren Abgasturbolader zu verdanken.

Das Fahrwerk des 911 Turbo basierte auf dem des Carrera 2, war aber modifiziert und straffer abgestimmt worden.

911 Carrera 2 3.6 Cabriolet Turbolook

Im Modelljahr 1992 präsentierte Porsche einen 911 Carrera 2 als Cabriolet im Turbolook. Der Wagen verfügte über den 250 PS starken Carrera-Motor, kombiniert mit dem Fahrwerk und der verbreiterten Karosserie des 911 Turbos. Zwar blieb das Carrera Cabriolet mit Turbolook vom übergroßen Heckflügel des Spitzen-911ers verschont, es behielt den bei 80 km/h automatisch ausfahrenden Spoiler des »normalen « Carreras, aber die 17-Zöller und die vorn und hinten verbreiterten Kotflügel sorgten für ausreichenden Turbolook. Auch die Bremsanlage wurde vom 911 Turbo übernommen, doch im Unterschied zu diesem war der Carrera Turbolook sowohl mit Fünfgang- als auch mit Tiptronic-Getriebe zu haben.

911 Carrera RS 3.6

Nicht nur mit seinem ausgesprochen harten, um 40 Millimeter tiefergelegten Fahrwerk gab sich der Carrera RS als Extremsportler zu erkennen. Auch Gewichtsreduzierungen (u. a. durch Alu-Fronthaube, Dünnglas in Seiten- und Heckfenstern oder Verzicht auf Servolenkung), Leistungssteigerung auf 260 PS und 325 Nm sowie eine Bremsanlage, die an den Vorderrädern vom 911 Turbo und an den hinteren von der Cup-Version des Carrera stammte, passten zu diesem Charakter. Neben der Basisversion gab es auch eine Touring-Variante, die unter anderem mit Sportsitzen und elektrischen Fensterhebern ein Mindestmaß an Komfort bot, und eine N/GT-Version, die zwar ebenfalls über eine Straßenzulassung verfügte, mit einem vollständig ausgeräumten Innenraum und eingebautem Überrollkäfig aber eindeutig für die Rennstrecke gedacht war.

911 RS America 3.6

Weil der 911 Carrera RS für die USA in einigen Details nicht typisiert werden konnte, entwickelte Porsche für diesen wichtigen Markt ein eigenes Sondermodell, den 911 RS America, der dann auch nur in den USA angeboten wurde. Das Fahrzeug hatte die Karosserie des »europäischen« Carrera RS, besaß aber zusätzlich einen starren Heckspoiler. Die Antriebstechnik stammte vom 911 Carrera 2, das Fahrwerk war sportlich abgestimmt. Der RS America besaß 17-Zoll-Cup-Räder mit der entsprechenden Bereifung. Zur Innenausstattung zählten Sportsitze mit Stoffbezug, elektrische Fensterheber, Zentralverriegelung und eine Alarmanlage.

Äußerlich eher unauffällig, verbarg sich hinter dem Carrera RS ein waschechter Sportler.

Kennzeichen des 911 Carrera RS America war der starre Heckflügel.

Der starre Heckflügel des Turbos gehörte beim Cabrio nicht zum Turbolook.

Speziell geformt: Das Mittelteil des Heckstoßfängers beim Carrera RS.

Auf Komfort mussten die Fahrer eines Carrera RS weitestgehend verzichten.

Das Cabrio im Turbolook war serienmäßig noch besser ausgestattet als die anderen Carrera-Modelle.

1993 feierte Porsche das 30-jährige Jubiläum des 911 mit einem Jubiläumsmodell.

Den Jubiläums-911er gab es nur als Carrera 4 Coupé im Turbolook.

Von der Flachbau-Variante des Turbos wurden nur 75 Exemplare gebaut.

In der Flachbau-Karosserie des Turbo 3.6 schlummerten die Klappscheinwerfer des 968.

911 Turbo 3.6

Im Modelljahr 1993 erhielt auch der Motor des 911 Turbo einen auf 3,6 Liter vergrößerten Hubraum. Der aufgeladene Boxer, der auf dem bewährten Motor aus Carrera 2 und Carrera 4 basierte, leistete im 911 Turbo 360 PS, sein maximales Drehmoment lag mit 520 Nm sogar über dem des 5,4-Liter-V8 aus dem 928 GTS. Das Bremssystem des neuen Turbo war nochmals verbessert, das Fahrwerk im Vergleich zum Vorgänger um 20 Millimeter tiefergelegt und neu abgestimmt worden. An der Karosserie dagegen hatte sich bis auf die Verwendung des Heck-Mittelteils vom Carrera RS nichts verändert, weshalb der Turbo 3.6 sich denn auch am besten durch einen Blick auf die Typenbeschriftung identifizieren ließ: Die war jetzt verchromt statt schwarz. 75 Exemplare (von insgesamt 1437) des Turbo 3.6 wurden in der »Flachbau«-Version gebaut.

911 Carrera 4 3.6 »30 Jahre 911«

Im Frühjahr 1993 präsentierte Porsche das Jubiläumsmodell »30 Jahre 911«, das nur als Carrera 4 Coupé im Turbolook erhältlich war. Wie der Carrera 2 im Turbolook kam aber auch der Jubiläums-Carrera-4 mit der turbobreiten Karosserie mit dem ausfahrbaren Heckspoiler und nicht mit dem mächtigen Heckflügel des Turbos. Die Farbe »Violametallic« war einzig diesem Jubiläumsmodell vorbehalten, es konnte aber auch in silber- oder amethistmetallic geordert werden. Im Inneren gab es eine rubicongraue Ganzlederausstattung. Das Jubiläumsmodell war auf 911 Exemplare limitiert, es wurden aber außerhalb dieser Sonderserie noch 174 weitere Exemplare des Wagens gebaut.

Verchromte Typenbezeichnung am 911 Turbo 3.6.

Äußerlich ließ sich der Turbo 3.6 kaum vom Turbo 3.3 unterscheiden.

964

911 Carrera RS 3.8

Mit größerem Hubraum und in der Leistung auf 300 PS gesteigertem Boxermotor bot Porsche im Modelljahr 1993 den 911 Carrera RS 3.8 an, der auch als Basisversion für die Rennsportvariante RSR diente. Das Fahrwerk des in einer Kleinserie in Weissach produzierten RS 3.8 verfügte vorn und hinten über einstellbare Stabilisatoren und war insgesamt noch einmal härter und straffer abgestimmt, ohne dabei jedoch auf ein Mindestmaß an Komfort zu verzichten. Hauben und Türen aus Aluminium, Seiten- und Heckscheiben aus Dünnglas und der Verzicht auf Extras brachten eine gegenüber dem Carrera 2 deutliche Gewichtsersparnis. Die Karosserie des RS 3.8 war weitestgehend mit der des 911 Turbo identisch, ein zusätzlicher Spoiler vorn und ein doppelter Heckflügel waren deutliche Erkennungsmerkmale.

911 Carrera 2 3.6 Speedster

Im Modelljahr 1993 nahm Porsche vom aktuellen Carrera-Modell auch wieder eine Speedster-Variante ins Programm auf. Der neue Speedster basierte auf der schmaleren Carrera-Karosserie, lediglich rund 15 Exemplare wurden von der Exclusive-Abteilung auf den breiteren Turbolook getrimmt. Die Windschutzscheibe war fest mit der Karosserie verbunden, sie ließ sich nicht mehr wie noch beim Vorgänger-Modell abnehmen. Das Verdeck war verbessert, der Mechanismus überarbeitet worden. Den Speedster gab es nur mit dem 250 PS starken 3,6-Liter-Boxer und nur mit Hinterradantrieb. Dafür war er ab Frühjahr 1993 auch mit Tiptronic lieferbar. Zur Ausstattung gehörten serienmäßig elektrische Fensterheber und die lederbezogenen Schalensitze aus dem Carrera RS.

300 PS reichten dem 911 Carrera RS mit dem 3,8-Liter-Boxer für eine Höchstgeschwindigkeit von 270 km/h.

Ganz offensichtlich reichten die 250 PS des Carrera Speedster für ein großes Fahrvergnügen.

Die lederbezogenen Schalensitze gehörten zur Serienausstattung.

Am doppelten Heckflügel ließ sich der RS vom Turbo unterscheiden.

Auch Walter Röhrl wusste 1993 den 911 Carrera RS 3.8 zu schätzen.

Die Windschutzscheibe des neuen Carrera Speedster war jetzt fest verbaut.

Der neue präsentierte sich optisch und technisch stark überarbeitet.

Die Scheibenwischer-Achsen lagen jetzt in Wagenmitte nebeneinander, die Türgriffe waren in Wagenfarbe lackiert.

Generationswechsel: Im Herbst 1993 lösten 911 Carrera 3.6 Coupé und Cabrio des Typs 993 die Carrera-Modelle der Baureihe 964 ab.

911 Carrera 3.6

Im Herbst 1993 präsentierte Porsche auf der IAA mit dem 911 des intern 993 genannten Typs einen Nachfolger für die Modelle der 964er-Generation. Die Veränderungen, die die Karosserieform des 993 aufwies, übertrafen in ihrem Umfang alle seitherigen Evolutionsschritte. Breitere Kotflügel vorn, ein breiteres Heck, flacher angeordnete Ellipsoid-Scheinwerfer und ein größerer, neu gestalteter ausfahrbarer Heckspoiler waren nur einige der zahlreichen Neuerungen. Gründlich überarbeitet wurde auch der 3,6-Liter-Motor, der jetzt 272 PS leistete. Der neue 911 Carrera 3.6 verfügte als erster Elfer über ein Sechsgang-Getriebe, auf Wunsch war eine optimierte Viergang-Tiptronic lieferbar. Angeboten wurde der neue 911 Carrera auch mit einer Leistungssteigerung auf 285 PS, zu haben war er zunächst nur als Coupé, das Cabrio wurde erst ab Frühjahr 1994 ausgeliefert.
Im Modelljahr 1996 wurde die Leistung der Carrera-Modelle auf 285 PS angehoben. Dazu war der Motor gründlich überarbeitet worden, unter anderem war er jetzt mit dem variablen Varioram-Ansaugsystem aus dem Carrera RS bestückt. Hubraum und Verdichtung waren dagegen unverändert geblieben. Erkennbar waren die Modelle des neuen Jahrgangs an den neuen, etwas eckigeren Auspuffendrohren. Alle Elfer dieses Jahrgangs verfügten über einen Zündschlüssel mit Fernbedienung für Alarmanlage und Zentralverriegelung sowie eine mobile oder wahlweise fest eingebaute Telefonanlage mit Freisprecheinrichtung. Neu in der Liste der Zusatzausstattungen ist ab diesem Modelljahr auch eine für alle 911er erhältliche infrarotgesteuerte Innenraumüberwachung.

Der 3,6-Liter-Motor leistete im neuen Carrera 272 PS, erstmals gab es ein Sechsgang-Getriebe.

Das Cabrio kam erst ein halbes Jahr nach dem Coupé auf den Markt.

Einzelstück: 911 Carrera 3.6 als Speedster, exklusiv gebaut für Ferdinand Alexander Porsche.

993

911 Carrera 4 3.6

Im Herbst 1994 erschien der 911 Carrera der neuen Generation auch als Carrera 4 mit Allradantrieb. Äußerlich unterschied sich der Carrera 4 vom Hecktriebler nur durch weiße Blinkleuchten vorn und ein durchgehend rotes Leuchtenband am Heck. Der nur mit der Sechsgang-Handschaltung lieferbare Carrera 4 besaß den gleichen Motor wie der Carrera. Auch der Carrera 4 konnte mit der Leistungssteigerung auf 285 PS geordert oder nachgerüstet werden. Räder und Fahrwerk des Carrera 4 waren ebenfalls mit denen des Carrera identisch. Als Zusatzausstattung für das Cabrio hatte Porsche erstmals bereits im Frühjahr 1994 ein automatisches Windschott angeboten, das sich beim Öffnen des Verdecks selbständig aufstellte. Bei geschlossenem Verdeck befand es sich am Dachhimmel.

Auch der Carrera 4 erhielt im Modelljahr 1996 den in der Leistung auf 285 PS gesteigerten 3,6-Liter-Boxer. Die diversen Maßnahmen zur Optimierung des Motors hatten auch zu einem Anstieg des Drehmoments im mittleren Drehzahlbereich um rund 15 Prozent geführt, gleichzeitig sorgten eine überarbeitete Nockenwelle und eine optimierte Zündung für niedrigere Verbrauchswerte. Zu den Neuerungen, die in diesem Modelljahr allen 911-Modellen zuteilwurden, gehörte auch eine im Bedienkomfort verbesserte Radio-Generation. Auf Wunsch waren zudem für alle Carrera-Modelle jetzt auch die 18 Zoll großen Aluminium-Hohlspeichenräder erhältlich, die bislang ausschließlich dem 911 Turbo vorbehalten waren.

911 GT2 3.6

Mit dem 911 GT2, der 1995 auf den Markt kam, bot Porsche einmal mehr ein Fahrzeug an, das für den Einsatz im Breitensport konzipiert und gleichzeitig für den Straßenverkehr zugelassen war. Der Motor des GT2 basierte auf dem 3,6-Liter-Biturbo des neuen 911 Turbo, der erst einige Wochen nach dem GT2 auf den Markt kam. Verschiedene Leichtbaumaßnahmen hatten den GT2 rund 200 kg leichter gemacht, als es der Serien-Turbo war, dafür war seine Motorleistung gegenüber diesem um nochmals 22 PS angehoben worden. Das Fahrwerk des GT2 war um 20 Millimeter tiefergelegt und wettbewerbsmäßig straffer abgestimmt. Seine Innenausstattung entsprach der des Carrera RS, verzichtete also aus Gewichtsgründen auf das ein oder andere Komfort-Detail. Ab April 1998 gab es noch 21 Fahrzeuge einer überarbeiteten GT2-Version mit 450 PS.

Der 3,6-Liter-Motor mit dem variablen Varioram-Ansaugsystem für die 911-Carrera-Modelle.

Den allradgetriebenen Carrera 4 gab es nur mit der Sechsgang-Handschaltung.

Ab Herbst 1994 erhältlich: 911 Carrera 4 der Generation 993.

Die 430 PS des GT2 reichten für eine Höchstgeschwindigkeit von 295 km/h.

Für das Cabrio gab es jetzt ein automatisches Windschott.

Rennwagen mit Straßenzulassung: Der 911 GT2.

Die 408 PS im 911 Turbo reichten für enorme Fahrleistungen, der Vortrieb endete erste bei 290 km/h.

Das Fahrwerk des 911 Turbo war gegenüber den Carrera-Modellen tiefergelegt und straffer abgestimmt.

Aus den 3,8 Litern Hubraum schöpfte der Carrera RS 300 PS.

Der 911 Carrera RS 3.8 war einer Schlankheitskur unterzogen worden, Leichtbau und Verzicht auf Luxus brechten eine Gewichtsersparnis von 100 kg.

Im April 1995 wuchs die 993-Familie um den 911 Turbo.

911 Turbo 3.6

Anfang 1995 präsentierte Porsche auf dem Genfer Automobilsalon den neuen 911 Turbo des Typs 993. Sein 3,6-Liter-Boxer leistete mit zwei Turboladern und zwei Ladeluftkühlern 408 PS, das maximale Drehmoment betrug 540 Nm. Trotz seiner enormen Fahrleistungen war der 911 Turbo seinerzeit weltweit das Fahrzeug mit den geringsten Abgas-Emissionen. Alle abgasrelevanten Bauteile wurden ständig vom On-Board-Diagnose-System II (OBD II) überwacht, Fehlfunktionen sofort im Cockpit angezeigt. Serienmäßig hatte der Turbo den Allradantrieb aus dem Carrera 4, das Fahrwerk war tiefergelegt und straffer abgestimmt, die Bremsanlage den Fahrleistungen angepasst worden. Zum Plus an Serienausstattung gehörten beim Turbo unter anderem Xenonlicht, elektrische Sitzverstellung, Bordcomputer und Soundsystem. Schon ab Marktstart im April 1995 bot die Porsche-Exklusiv-Abteilung für den ohnehin nicht gerade schwächelnden 911 Turbo eine Leistungssteigerung auf 430 oder sogar 450 PS an.

911 Carrera RS 3.8

Im Modelljahr 1995 wurde das Neunelfer-Programm der Baureihe 993 um den Carrera RS erweitert. Der auf knapp 3,8 Liter Hubraum vergrößerte Motor leistete 300 PS, Leichtbaumaßnahmen wie eine Fronthaube aus Aluminium und Seiten- und Heckscheiben aus Dünnglas ermöglichten insgesamt eine Reduzierung des Fahrzeuggewichts gegenüber dem Carrera um 100 kg. Das Fahrwerk des RS war tiefergelegt und härter abgestimmt, die Bremsanlage mit der des Turbo identisch. Serienmäßig verfügte der RS über eine Servolenkung. Im Innenraum fanden sich leichte Schalensitze, Rücksitze und Verkleidungen waren den Gewichtseinsparungen zum Opfer gefallen. Den RS gab es auch in einer für die Rennstrecke optimierten Clubsport-Version, sie war erkennbar am durchgehenden Front- und dem Heckspoiler mit Doppelflügel, während der normale RS vorn lediglich Eckspoiler und am Heck einen einfachen Spoiler aufwies.

Zum Vergleich: 911 Carrera RS (im Vordergrund) und Carrera RS Clubsport.

993

911 Targa 3.6

Neu kam im Modelljahr 1996 auch wieder eine Targa-Version des Carrera auf den Markt, die allerdings nur als Carrera und nicht in der Allradvariante Carrera 4 erhältlich war. Die Karosserie stammte vom Cabriolet, lediglich die Dachkonstruktion war eine völlig eigene: Zwischen dem Rahmen der Windschutzscheibe und dem Heckbereich gab es über den Türen eine starre Verbindung. Drei Glaselemente formten das eigentliche »Dach«: Im Heck gab es eine starr eingebaute Heckscheibe. Direkt über den Vordersitzen befand sich das bewegliche Sicherheitsglas-Schild, das sich elektrisch öffnen und schließen ließ. Das dritte Glaselement war ein verstellbarer Windabweiser am oberen Windschutzrahmen, der beim Öffnen des Glasdachs je nach Wunsch eingestellt werden konnte.

Einzig dem 911 Targa vorbehalten waren die zweiteiligen, verschraubten 17-Zoll-Felgen.

Freier Blick zum Himmel bei geöffnetem Mittelteil des dreiteiligen Glasdachs.

Die drei Glaselemente von oben: Hinten fest verbaut, in der Mitte verschieb- und vorne verstellbar.

Die zwischenzeitlich auf 285 PS angestiegenen Leistung des 3,6-Liter-Boxers reichte dem Targa für eine Höchstgeschwindigkeit von 275 km/h.

Den 911 Targa, der Ende 1995 auf den Markt kam, gab es nur mit Heckantrieb.

Bis auf die Dachkonstruktion stammte die Karosserie vom Cabrio.

Mit gelb lackierten Bremssätteln gab es von der Porsche-Exklusiv-Abteilung im Modelljahr 1998 den 911 Turbo S.

911 Carrera 4S: Mit 285 PS nicht stärker als die anderen Carrera, aber mit strafferem Fahrwerk und Turbo-Karosserie.

Das modifizierte, auf dem GT2-Rennmotor basierende Herzstück des 911 Turbo S leistete 450 PS.

Ende 1995 erschien mit dem 911 Carrera 4S das neue Spitzenmodell der Carrera-Reihe.

911 Carrera 4S 3.6

Zeitgleich mit dem Targa präsentierte Porsche im Modelljahr 1996 mit dem Carrera 4S ein neues Spitzenmodell in der Carrera-Reihe. Nach dem Baukasten-Prinzip wurden im 4S bewährte Bauteile neu zusammengesetzt. So stammten Fahrwerk und Karosserie vom 911 Turbo, wenn auch letztere nicht über den starren Heckflügel des Turbo verfügte, sondern über den ausfahrbaren des Carrera. Räder und Reifen entsprachen in Format und Optik ebenfalls denen des Turbo, doch waren die Räder des 4S in massiver Monobloc- und nicht in der Hohlspeichen-Bauweise wie beim Turbo gefertigt. Das Fahrwerk war gegenüber Carrera und Carrera 4 vorne um 10, hinten um 20 mm tiefergelegt, die Bremsanlage war unverändert vom Turbo übernommen, dem der 4S auch in der Ausstattung sehr nahe kam.

911 Carrera S 3.6

Im Herbst 1996 (Modelljahr 1997), also knapp ein Jahr nach dem Carrera 4S, kam der Carrera S auf den Markt, der wie der Carrera 4S die breite Karosserie des 911 Turbo trug, mit Ausnahme von dessen gewaltigem Heckflügel. Abgesehen vom Schriftzug mit der Typenbezeichnung war der Carrera S von hinten sehr gut an der Zweiteilung des nunmehr wie schon beim Targa wieder in Wagenfarbe lackierten Spoilergitters zu erkennen. So gestaltet, sollte das Spoilergitter den unter der Haube liegenden Boxermotor mit den Kühlrippen der Zylinderköpfe symbolisieren. Bei dem handelte es sich um den bekannten 3,6-Liter mit 285 PS aus dem Carrera. Als erstes Turbolook-Modell dieser 911-Generation konnte der Carrera S außer mit der Sechsgang-Schaltung auch mit der Tiptronic S geordert werden.

911 Turbo S 3.6

Schon seit dem Marktstart im April 1995 gab es für den 911 Turbo von der Porsche-Exklusiv-Abteilung eine Leistungssteigerung auf 430 oder sogar 450 PS. Auf Basis dieser leistungsgesteigerten Turbos fertigte die Exklusiv-Abteilung nun im Modelljahr 1998 345 Exemplare des 911 Turbo S, die über den 450-PS-Motor verfügten. Der basierte auf dem GT2-Rennmotor und wurde für den Turbo S unter anderem mit einer optimierten Auspuffanlage, höherem Ladedruck und einem zusätzlichen Ölkühler ausgestattet. Die Karosserie erhielt einen geänderten Front- und Heckspoiler, weitere Erkennungsmerkmale waren zusätzliche Lufteinlässe vor den hinteren Kotflügeln und vier Auspuffendrohre am Heck. Die Bremssättel des Turbo S waren speedgelb lackiert.

Auffälliges Merkmal des 911 Carrera S war das zweigeteilte Spoilergitter auf der Heckklappe.

Der 911 Carrera S kam ein knappes Jahr später als der allradgetriebene Carrera 4S auf den Markt.

996

911 Carrera (4) 3.4

Ende 1997 begann für den Elfer ein neues Zeitalter. Der 911 Carrera des Typs 996 war eine völlige Neuentwicklung, er war größer und dabei gleichzeitig leichter geworden, bot mehr Platz im Innenraum, war mit weniger Hubraum stärker (300 PS), sparsamer und leiser als sein Vorgänger und verfügte über einen Porsche-Boxermotor, der erstmals vollständig wassergekühlt war. Ab April 1998 gab es den neuen 911 auch als Cabriolet, serienmäßig mit elektrisch betätigtem Stoffverdeck. Ein Hardtop gehörte beim Cabrio ebenfalls zur Serienausstattung. Im Herbst 1998 wurde die Elfer-Modellpalette um die Carrera 4 Coupé und Cabriolet mit permanentem Allradantrieb erweitert. Optisch waren beide lediglich am titanfarbenen Schriftzug »Carrera 4« am Heck und den titanfarbenen Bremssätteln von den Hecktrieblern zu unterscheiden. Der Allrad-Carrera war der erste Porsche mit serienmäßigem Fahrdynamik-Regelsystem (PSM, Porsche Stability Management), das in kritischen Fahrsituationen selbsttätig in das Motor-Management und/oder das Bremssystem eingriff, um das Fahrzeug zu stabilisieren.

Zum Modelljahr 2002 überarbeitet: Carrera 4 mit jetzt 3,6 Litern Hubraum und 320 PS.

911 Carrera (4) 3.6

Mit Beginn des Modelljahrs 2002 brachte Porsche den 911 Carrera und den Carrera 4 in einer überarbeiteten Version auf den Markt. Beide erschienen zeitgleich sowohl als Coupé wie auch als Cabrio. Optisch erkennbar an dem vom Turbo übernommenen Scheinwerferdesign – die Gefahr einer Verwechslung mit dem Boxster wurde so deutlich verringert – sowie unter anderem am neu gestalteten Bugteil und den zwei ovalen Auspuff-Endrohren, waren die neuen natürlich auch leistungsstärker geworden. Mit dem Leistungsplus einher ging eine deutliche Verringerung des Spritkonsums und damit auch eine Verbesserung des Abgasverhaltens. Zu verdanken war dies nicht zuletzt dem Einsatz der Nockenwellenverstellung VarioCam Plus, bei der das »Plus« für die zusätzliche Ventilhubschaltung der Einlassventile stand. Ein Hardtop aus Aluminium, lackiert in Wagenfarbe, gehörte zur Serienausstattung der Cabriolets.

1997 präsentierte Porsche mit dem Typ 996 den ersten wassergekühlten 911.

Auch in 911 Carrera Coupe und Cabrio werkelte ab 2002 der 3,6-Liter-Boxer.

Ein halbes Jahr nach dem heckgetriebenen Carrera Cabrio (ab April 1998) erschien auch der offene 911 mit Allradantrieb..

Der neue 911 hatte mit seinem Vorgänger kaum noch etwas gemein, er war ein völlig neues Auto.

911-Fahrer sollten allerdings bald die Ähnlichkeit der Front mit der der Porsche Boxsters monieren.

996

911 GT1

Mit dem 911 GT1 präsentierte Porsche im Modelljahr 1998 in einer Kleinst-Serie einen Supersportwagen, der direkt aus dem Rennsport abstammte und in der Straßenversion stolze 1,5 Millionen Mark kostete. Der GT1 basierte auf dem Siegerfahrzeug von Le Mans, seine 544 PS und 600 Nm reichten für wahrhaft atemberaubende Fahrleistungen. Die 200-km/h-Marke beispielsweise war aus dem Stand nach nur 10,5 Sekunden erreicht, die Höchstgeschwindigkeit lag bei 310 km/h. Die Karosserie bestand teils aus Stahlblech, teils aus kohlefaserverstärktem Kunststoff, das Fahrwerk des Boliden entsprach in jeder Hinsicht dem aktuellen Stand der Renntechnik. Im Modelljahr 1996 hatte es bereits zwei erste Straßen-Exemplare des GT1 gegeben, die Porsche gebaut hatte, um dem Reglement der GT1-Klasse zu genügen. Gegenüber diesen Vorgängern ist der GT1 des Modelljahrs 1998 optisch (Scheinwerfer, Heckleuchten, Türgriffe) an die neue Generation des 911 Carreras vom Typ 996 angepasst.

Beschleunigung? 10,5 Sekunden. Aber von Null auf 200 km/h!

Seine Rennsport-Gene konnte der GT1 auch in der Straßenversion nicht leugnen.

Der Heckflügel war so breit wie die gesamte Karosserie.

Im dritten Anlauf zum gewünschten Erfolg: 1998 gelang mit dem 911 GT1 ein Doppelsieg in Le Mans.

Nachzügler: 1998 wurde noch ein weiterer, modifizierter GT1 in der Straßenversion gebaut.

1997 nur 21-mal gebaut: Der 1,5 Millionen Mark teure 911 GT1.

Unverwechselbar: Der Heckflügel des 911 GT3.

Cockpit des 911 GT3 von 2003.

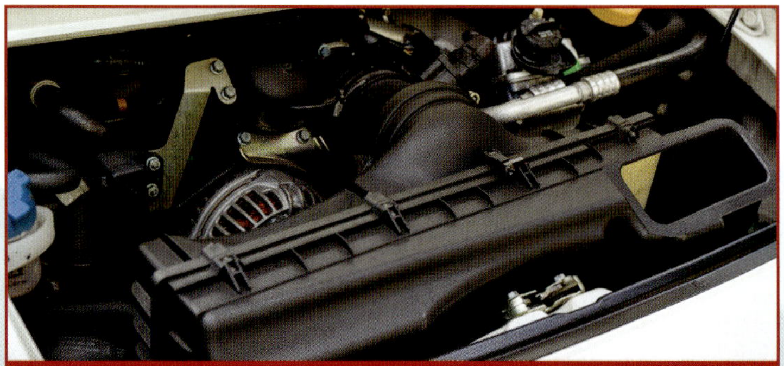
Der überarbeitete Motor im GT3 leistete ab 2003 381 PS.

Im GT3 leistete der 3,6-Liter-Boxer 360 PS.

Im Frühjahr 2003 präsentierte sich der GT3 überarbeitet und um 21 PS gegenüber dem Vorgänger erstarkt.

Der Heckflügel sah deutlich anders aus als beim GT3 der Jahre 1999–2002.

911 GT3

Mit dem GT3 brachte Porsche im Frühjahr 1999 eine besonders sportliche Variante des 911 auf den Markt. Der GT3 war leicht erkennbar an seinem geänderten Bugteil mit Frontspoiler, am charakteristischen Heckspoiler und an seinen Seitenschwellern. Sein 3,6 Liter großer, wassergekühlter Boxer leistete 360 PS, das maximale Drehmoment betrug 370 Nm. Das Fahrwerk lag um 30 Millimeter tiefer als beim Carrera und war straffer abgestimmt. Im Innenraum waren die vorderen Serien- gegen leichtere Schalensitze ausgetauscht worden, die Rücksitze waren der Gewichtsoptimierung gleich ganz zum Opfer gefallen. Den GT3 gab es für den Einsatz im Motorsport ohne Aufpreis auch mit Clubsport-Paket.

Im März 2003 erschien der GT3 dann in einer weiterentwickelten, leistungsgesteigerten Version. Der Sportler nannte nun 21 Mehr-PS sein Eigen, das Drehmoment war um 15 auf nunmehr 385 Nm angewachsen. Der neue Motor stellte eigentlich eine Ableitung jenes Aggregats dar, das Porsche 1998 den Gesamtsieg in Le Mans ermöglicht hatte. Viele Motorteile waren identisch mit den Teilen der damaligen Wettbewerbs-Fahrzeuge. Der neue GT3 ließ sich äußerlich leicht von seinem Vorgänger unterscheiden, seine Scheinwerfer waren anders geformt, Bug- und Heckteile waren neu gestaltet, und vor allem der starre Heckspoiler sah völlig anders aus. Gegen Aufpreis war der GT3 auch mit der Keramikbremse PCCB zu haben (PCCB = Porsche Composite Ceramic Brake«). Fahrer und Beifahrer saßen im GT3 auf lederbezogenen Schalensitzen, Rücksitze gab es aus Gewichtsgründen erst gar nicht. Ein Clubsportpaket für den Einsatz im Motorsport war für den GT3 nach wie vor ohne Aufpreis erhältlich.

Leichtere Schalensitze brachten Gewichtsersparnis, der Verzicht auf die Rücksitze noch mehr.

911 Turbo 3.6

Mit Beginn des Kalenderjahres 2000 gab es von Porsche wieder einen 911 Turbo. Der neue vom Typ 996 schöpfte mit Biturbo und dem neuen VarioCam Plus 420 PS aus seinen 3,6 Litern Hubraum. Serienmäßig verfügte er über Allradantrieb und eine Sechsgang-Schaltung, erstmals in einem Turbo war aber auch die Fünfgang-Automatik Tiptronic S lieferbar. Das Fahrwerk war der Motorleistung entsprechend straffer abgestimmt, in Grenzsituationen griff serienmäßig das Porsche Stability Management (PSM) regulierend ein. An der geänderten Bugpartie mit den großen Lufteinlässen war der Turbo leicht erkennbar, sie enthielt zudem unten abgerundete Bi-Xenon-Scheinwerfer. Aus dem Heckdeckel ragte eine Spoiler-Abrisskante, aus der wiederum ab Tempo 120 ein zusätzlicher Flügel ausfuhr. Die Serienausstattung umfasste unter anderem Ledersitze, Klimaanlage und ein Soundsystem von Bose®. Als Cabriolet gab es den 911 Turbo erst ab Herbst 2003, die Fahrleistungen des offenen Sportlers unterschieden sich nur marginal von denen des Coupés.

911 Turbo S 3.6

Der Turbo S wurde ab August 2004 weltweit als stärkerer Bruder des gewiss nicht schwächlichen 911 Turbos angeboten. Dank eines größeren Turboladers und einer Optimierung von Ladeluftkühler und Motor-Elektronik leistete er satte 450 PS und verfügte über ein maximales Drehmoment von 620 Nm. Damit ließ sich eine Höchstgeschwindigkeit von 307 km/h erreichen. Äußerlich erkennbar war die als Coupé und als Cabrio erhältliche S-Version des Turbos außer am entsprechenden Schriftzug auch an den 18-Zoll-Turbo-Rädern, die in Silbermetallic lackiert waren. Serienmäßig verfügte der Turbo S über die Keramikbremse PCCB und Sechs-Kolben-Monobloc-Festsättel vorn, zur erweiterten Innenausstattung gehörten Tempostat und CD-Wechsler – diese Features relativierten den Aufpreis von 12.784 Euro gegenüber dem normalen Turbo ein wenig. Da der Turbo S nur ein Jahr gebaut wurde, gehört er zu den selteneren Vertretern dieser Generation und wird heute entsprechend hoch gehandelt.

Der 911 Turbo des Jahres 2000 verfügte serienmäßig über Allradantrieb.

2004 erhielt der 911 Turbo noch einen stärkeren Bruder, den 911 Turbo S.

Auch den Turbo S gab es in einer nach oben offenen Variante.

Gut zu erkennen waren die Turbo-Modelle an den großen Lufteinlässen im Fahrzeugbug.

Die offene Variante des 911 Turbo erschien erst im Herbst 2003.

Das Oberteil des Heckspoilers fuhr ab Tempo 120 als zusätzlicher Heckflügel nach oben.

996

911 GT2 3.6

Mit dem 911 GT2 präsentierte Porsche im Herbst des Jahres 2000 das Top-Modell der 996-Baureihe. Sein 3,6-Liter-Biturbo basierte auf dem Motor des 911 Turbo, brachte aber mit 462 PS genau 10 Prozent mehr Leistung als jener. Das Drehmoment des 911 GT2 lag mit 620 Nm sogar gut 11 Prozent höher als das des Turbo. Auch die Karosserie des Extremsportlers basierte auf der des Turbo, besaß jedoch unter anderem ein geändertes Bugteil, zusätzliche Lüftungsschlitze an den Seiten des Hecks und einen markanten, feststehenden Heckflügel. Anders als der Turbo war der 911 GT2 nur mit Heckantrieb und manuell zu schaltendem Sechsgang-Getriebe lieferbar. Sein um 20 Millimeter tiefergelegtes Fahrwerk war noch sportlicher abgestimmt als das des Turbo und konnte für den Motorsport individuell an die Strecke angepasst werden. Der GT2 war der erste Porsche, der serienmäßig über die Keramikbremse PCCB verfügte. Auf Wunsch gab es ihn ohne Aufpreis auch mit Clubsportpaket.

Ab April 2003 bot Porsche den GT2 in einer weiterentwickelten und leistungsgesteigerten Version an. Der von einem Biturbo zwangsbeatmete 3,6-Liter-Boxer leistete jetzt 483 PS, das maximale Drehmoment war auf 640 Nm gestiegen. Wie sein Vorgänger war auch der neue GT2 nur mit Heckantrieb und Sechsgang-Schaltgetriebe mit Sperrdifferenzial zu haben. Die Karosserie des GT2 basierte auf der des Turbos, sie war unverändert vom Vorgängermodell übernommen worden. Nach wie vor ließ sich das gegenüber dem Turbo um 20 Millimeter tiefergelegte Fahrwerk für den Renneinsatz individuell einstellen, auch die Keramikbremse war wieder serienmäßig in den Spitzensportler eingebaut. Fahrer und Beifahrer saßen in lederbezogenen Schalensitzen, es konnten aber auch die normalen Sportsitze geordert werden. Rücksitze gab es hingegen keine. Auch für den weiterentwickelten GT2 gab es ein Clubsport-Paket auf Wunsch ohne Aufpreis.

Der GT2 war nur mit Heckantrieb und manuellem Sechsgang-Getriebe zu haben.

Gegenüber dem Vorgänger war der Neue um 21 PS erstarkt, er leistete jetzt 483 PS.

Das neue Top-Modell der 996-Baureihe: 911 GT2 von 2001.

2003 kam der GT2 in einer weiterentwickelten Version auf den Markt.

Die Karosserie des neuen GT2 war unverändert vom Vorgängermodell übernommen worden.

Keramikbremsen, zu erkennen an den gelben Bremssätteln, waren beim GT2 serienmäßig-

Beim Öffnen des Schiebedachs stellte sich automatisch ein Windabweiser auf.

Neuheit beim Targa 2002: Die Heckscheibe ließ sich, unterstützt von zwei Gasdruckfedern, jetzt hochklappen.

Als Cabrio war der 911 Carrera 4S erst ab Modelljahr 2004 zu haben.

Der 911 Targa des Modelljahrs 2002 verfügte über den gleichen 320 PS starken Motor wie die Carrera-Modelle.

Das gläserne Schiebedach des Targas schob sich beim Öffnen unter die Heckscheibe.

911 Targa 3.6

Mit dem Facelift der 996-Baureihe erschien im Modelljahr 2002 auch wieder ein 911 Targa auf der Bildfläche. Sein Glasdach bestand wie schon beim Targa der 993-Reihe aus drei Elementen: An einen schmalen Glasstreifen schloss sich das fast 1,5 m^2 große gläserne Schiebedach an, das sich elektrisch unter die Heckscheibe fahren ließ. In geschlossenem Zustand konnte das Schiebedach zum Schutz vor zu intensiver Sonneneinstrahlung mit einem ebenfalls elektrisch betätigten Rollo abgedunkelt werden. Einen wesentlichen Unterschied zum Vorgängermodell gab es aber doch: Beim neuen Targa ließ sich die Heckscheibe zum leichteren Be- und Entladen der Fondablage hochklappen, dies allerdings nur bei geschlossenem Dach. Ein Windabweiser, der sich automatisch aufstellte, sobald das Schiebedach geöffnet wurde, ermöglichte Offenfahren auch bei höheren Geschwindigkeiten oder niedrigeren Temperaturen.

911 Carrera 4S 3.6

Der 911 Carrera 4 unterschied sich vom 911 Carrera im Wesentlichen nur durch seinen Vierradantrieb, für den der Kunde im Alltagsgebrauch unter anderem mit einem um 30 Liter geringeren Kofferraumvolumen zahlte. Der Carrera 4S wiederum unterschied sich vom Carrera 4 hauptsächlich durch die vom 911 Turbo übernommene breitere Karosserie, die allerdings ohne die seitlichen Lüftungsschlitze am Heck auskam. Typisch für den ab Dezember 2001 gebauten Allrad-Elfer war das durchgehende Leuchtband am Heck, das eine optische Verbindung zwischen den beiden Rücklichtern herstellte. Das Fahrwerk des 4S war im Vergleich zu dem des Carrera 4 zehn Millimeter tiefergelegt und nochmals straffer abgestimmt worden, die Bremsanlage des 4S stammte ebenfalls aus dem Turbo. Während es den Carrera 4 von Anfang an auch als Cabrio gab, erschien der 4S erst im Modelljahr 2004 oben ohne. Neu war jetzt auch bei allen Elfer-Cabrios die Möglichkeit, das Verdeck bis Tempo 50 auch während der Fahrt zu betätigen.

Der 911 Carrera 4S trug die breitere Karosserie des 911 Turbos.

Das Fahrwerk des Carrera 4S war gegenüber dem des Carrera 4 nochmals um 10 mm tiefer gelegt.

911 Carrera 3.6 »40 Jahre 911«

40 Jahre 911 waren für Porsche im Sommer 2003 wahrlich Grund genug, zum Jubiläum ein auf 1963 Exemplare limitiertes Sondermodell dieses Inbegriffs eines Sportwagens auf den Markt zu bringen. Der Jubiläums-Elfer, den es nur als Coupé gab, basierte auf dem normalen Carrera, sein Motor war aber in der Leistung auf 345 PS gesteigert worden. Es gab ihn nur in GT-Silbermetallic, der Innenraum war dazu passend mit dunkelgrauem Leder ausgestattet. Serienmäßig verfügte das nur mit Sechsgang-Schaltgetriebe lieferbare Jubiläumsmodell über ein Sperrdifferenzial und über das Porsche Stability Management (PSM). Das Sportfahrwerk lag um zehn Millimeter tiefer als beim normalen Carrera. Die serienmäßige Innenausstattung war – dem Anlass entsprechend – noch umfangreicher als im Basis-Carrera, das Ambiente machte einen nochmals deutlich exklusiveren Eindruck.

911 GT3 RS 3.6

Der 911 GT3 RS, den Porsche zum Modelljahr 2004 auf den Markt brachte, war als ein auf 200 Exemplare limitiertes Homologationsmodell gedacht. Gebaut wurden dann aber wegen der großen Nachfrage 718 Exemplare (40 davon bereits im Modelljahr 2003). Es handelte sich bei diesem Sportler um einen reinrassigen Rennwagen mit Straßenzulassung, der dem FIA-N/GT- und dem ACO-Reglement entsprach. Ein Überrollkäfig war serienmäßig, ebenso die weiße Lackierung. Fronthaube und Heckflügel – darunter befand sich der Staudrucksammler, der die Frischluftzufuhr bei hohem Tempo verbesserte – bestanden aus Carbon, die Heckscheibe war aus Acryl. Das Tankvolumen betrug hier 90 Liter, in den zivilen Coupés schaltete sich die Zapfpistole nach spätestens 67 Litern ab. Das Leistungsgewicht lag bei 3,57 Kilogramm je PS; der Zweisitzer hakte den Standardsprint von 0 auf 100 km/h in 4,4 Sekunden ab und passierte aus dem Stand die 200-km/h-Marke in 14 Sekunden.

Einmal mehr ein reinrassiger Sportler mit Straßenzulassung: Der 911 Carrera RS.

Der Innenraum des Jubiläums-Modells machte einen besonders exklusiven Eindruck.

Die Leistung des Jubiläums-Carrera war gegenüber dem normalen Carrera um 25 auf 345 PS angehoben worden.

Fronthaube und Heckflügel des RS bestanden aus Carbon.

Ein Überrollkäfig gehörte im Carrera RS zur Serienausstattung.

Zum 40. Geburtstag des 911 erschien 2003 dieses auf 1963 Exemplare limitierte Sondermodell.

911 Carrera S in der Cabrio-Variante.

Die hinteren Kotflügel der Allradler (hier ein Carrera 4) waren um 44 mm breiter als bei den Hecktrieblern.

Optisch auffällig: Die neuen Rundscheinwerfer an den 911ern der Baureihe 997. Im Bild ein 911 Carrera.

Das Porsche Stability Management PSM war bei Carrera 4 (hier im Bild) und Carrera 4S Serie.

Die »S«-Modelle ließen sich gut an den beiden doppelten runden Auspuffrohren erkennen.

911 Carrera 3.6 / Carrera S 3.8

Am 17. Juli 2004 brachte Porsche mit dem 911 Carrera und dem 911 Carrera S gleichzeitig zwei Elfer-Modelle einer neuen Baureihe (997) auf den Markt. Nicht zuletzt dank breiterer Spur und stärker betonter Taille wirkte der neue noch dynamischer als sein Vorgänger. Ins Auge fielen vor allem auch die neuen Rundscheinwerfer, die wieder mehr an die klassische Form der 911-Scheinwerfer erinnerten. Neue Doppelarm-Außenspiegel und ein aerodynamisch optimierter Heckspoiler waren weitere markante Merkmale des 997-Elfers. Eine aktive Dämpfung (PASM) gab es beim Carrera S serienmäßig, im Basis-Carrera auf Wunsch. Der neue Elfer war der erste Porsche mit elektronisch verstellbaren Stoßdämpfern. Begeistert zeigten sich denn auch die Tester vom Fahrwerk, das Fachblatt auto motor und sport beispielsweise beschied dem Chassis, fahrdynamisch an Perfektion zu grenzen. Ein knappes Jahr nach den Coupés, am 2. April 2005, kamen die Neuen dann auch in der Cabriolet-Version zu den Händlern.

911 Carrera 4 3.6 / Carrera 4S 3.8

Ende Oktober 2005 schickte Porsche die neuen Allrad-Modelle 911 Carrera 4 und Carrera 4S – beide erschienen zeitgleich als Coupé und als Cabriolet – ins Rennen um die Käufergunst. Sie waren mit den gleichen Motoren bestückt wie die hinterradgetriebenen Carrera, im Carrera 4 arbeitete der 3,6-Liter mit 325 PS, im Carrera 4S der 3,8-Liter mit 355 PS. Ihr Allradantrieb mit Visko-Lamellenkupplung brachte permanent je nach Untergrundbeschaffenheit 5 bis 40 Prozent der Kraft über die Vorderräder auf die Straße. Beide Allradler verfügten über das Porsche Stability Management (PSM), Serie beim 4S und für den Carrera 4 als Option lieferbar war das Porsche Active Suspension Management (PASM), ein aktives Dämpfungssystem. Beide Modelle waren auf Wunsch auch mit einem um 20 mm tiefergelegten Sportfahrwerk mit mechanischer Quersperre und/oder dem Sport-Chrono-Paket Plus erhältlich. Markantes äußeres Merkmal der Allradler waren die um 44 Millimeter breiteren hinteren Kotflügel.

Die drei Erscheinungsformen der Cabrio-Modelle: offen, mit Stoff-Verdeck und mit Hardtop.

997

911 Turbo 3.6

Ende Juni 2006 kam der neue 911 Turbo (Typ 997) als Coupé zu den Händlern, auf die Cabrio-Variante mussten potenzielle Käufer noch über ein Jahr warten. Mit seinen 480 PS übertraf der Neue den Vorgänger um nicht weniger als 60 PS, das Drehmoment betrug jetzt bis zu 620 Nm. In Sachen Beschleunigung erwies sich das auf Wunsch erhältliche Automatikgetriebe Tiptronic S jetzt als der Sechsgang-Handschaltung überlegen, die Höchstgeschwindigkeit lag mit beiden bei 310 km/h. Die Leistungszuwächse des Neuen waren vor allem auf die erstmalige Verwendung eines Laders mit variabler Turbinengeometrie zurückzuführen, die geballte Kraft wurde mittels eines neu entwickelten Allradantriebs mit Porsche Traction Management auf die Straße gebracht. Das Bremssystem war nochmals verbessert worden, die Keramikbremse stand auf der Optionsliste. Unterscheiden ließ sich der 997 von seinem Vorgänger am neu gestalteten Bugteil mit den oval geformten Bi-Xenon-Scheinwerfern, die zur Serienausstattung gehörten.

911 GT3 3.6

Im Sommer 2006 kam mit dem neuen GT3 laut Porsche »eine sehr individuelle Synthese von Alltagstauglichkeit und reinrassiger Renntechnik« zu den Händlern. Sein weiterentwickelter 3,6-Liter-Sechszylinder leistete jetzt 415 PS, die Höchstdrehzahl lag bei 8400 U/min. Das Sechsgang-Getriebe bot sehr kurze Schaltwege, die Gänge zwei bis sechs waren in Ergänzung zum Hochdrehzahlkonzept kürzer ausgelegt worden, und eine Hochschaltanzeige im Drehzahlmesser informierte den Fahrer über die optimalen Schaltpunkte. Natürlich verfügte der neue GT3 auch über das PASM genannte aktive Fahrwerk mit zwei wählbaren Dämpferprogrammen. Allerdings führte gerade dieses aktive Fahrwerk 2007 zu einem Rückruf: Weltweit wurden 128 GT3 und GT3 RS in die Porschezentren beordert, wo die Konsole für die Traktionskontrolle und das PASM getauscht werden mussten: Bei beiden Systemen war ein Ausfall möglich – wenn auch nur theoretisch. In Deutschland betraf das 48 Fahrzeuge.

911 GT3 RS 3.6

Präsentiert auf dem Pariser Salon im Herbst 2006, übernahm der 911 GT3 RS vom Basis-GT3 den außerordentlich drehfreudigen 3,6-Liter mit 415 PS bei 7600 Umdrehungen pro Minute. Gegenüber dem GT3 hatte der RS eine im Heckbereich um 44 Millimeter verbreiterte Karosserie, die Spur war entsprechend breiter. Der Zweisitzer war aber um satte 20 Kilogramm leichter als der GT3. Diese Gewichtseinsparung gelang unter anderem durch den Einsatz eines einstellbaren Heckflügels aus Kohlefaser, die Verwendung eines leichten Kunststoff-Heckfensters sowie den Einbau von Leichtbau-Schalensitzen. Gebaut, um bei allen wichtigen GT-Meisterschaften mitfahren zu können, bestanden nicht nur bestimmte Karosseriekomponenten aus Karbon, sondern auch Teile des Chassis. Zum serienmäßig vorhandenen Clubsportpaket gehörten der geschraubte Überrollkäfig und eine Vorrüstung für einen Batteriehauptschalter. Ein Sechspunktgurt für den Fahrer sowie ein Feuerlöscher waren ebenfalls beigelegt.

Der einstellbare Heckflügel am GT3 RS bestand aus Kohlefaser.

Um 60 auf 480 PS erstarkt: 911 Turbo der Generation 997.

Ein Versuch, den Kreis zu quadrieren: Synthese von Renntechnik und Alltagstauglichkeit im 911 GT3.

Das 911 Turbo Cabrio kam erst ein gutes Jahr nach dem Coupé auf den Markt.

Den GT3 gab es nur mit Sechsgang-Handschaltung.

Mehr Renntechnik, weniger Alltagstauglichkeit: 911 GT3 RS mit serienmäßigem Überrollkäfig

Den Targa der Generation 997 gab es nur noch als Carrera 4 (hier im Bild) und als Carrera 4S, also jeweils mit Vierradantrieb.

Auch in der neuen Generation waren das große Glasdach und die aufklappbare Heckscheibe typische Merkmale der Targa-Modelle.

Ein neu entwickeltes Dichtungssystem reduzierte die Windgeräusche in den neuen Targa-Modellen.

911 Targa 4 3.6 / Targa 4S 3.8

911 Targa 4 und 911 Targa 4S kamen im November 2006 auf den Markt. Beide Targa-Modelle waren ausschließlich mit Vierradantrieb und einer im Heckbereich verbreiterten Karosserie lieferbar. Targatypische Merkmale waren wie beim Vorgängermodell (996) das große Glasdach, das sich elektrisch bis zu einem halben Meter weit öffnen ließ, und die hochklappbare Heckscheibe. Ein neu entwickeltes Dichtungssystem sorgte dafür, dass die Windgeräusche selbst bei hohen Geschwindigkeiten minimal blieben, und ein Windabweiser reduzierte die Luftverwirbelungen im Innenraum so weit, dass auch an kälteren Tagen mit offenem Dach gefahren werden konnte. Das Schiebedach wurde über einen Wippschalter betätigt, der auch das Sonnenrollo aktivierte. Beim S serienmäßig, sonst gegen Aufpreis zu haben, war das aktive Dämpfungssystem Porsche Active Suspension Management (PASM) mit variabler Dämpfereinstellung.

911 GT2 3.6

Im November 2007 rollte mit dem neuen 911 GT2 der bis dato stärkste und schnellste Elfer zu den Porsche-Händlern, und dank der großen Lufteinlässe im Bug und des charakteristischen Heckflügels war er auch auf Anhieb als solcher zu erkennen. Der Motor des neuen 911 GT2 basierte auf dem Sechszylinder-Boxer des 911 Turbo, für den Leistungszuwachs von 50 PS gegenüber dem Ausgangsmotor sorgten im GT2 Änderungen an den beiden Turboladern, die ein größeres Verdichterrad und strömungsoptimierte Turbinengehäuse erhielten, die auf einen höheren maximalen Ladedruck ausgelegt waren. Erstmals kombinierten die Porsche-Techniker im GT2 das Turbo-Triebwerk auch mit einer Expansionssauganlage, mit der bei maximaler Leistung eine Verringerung des Kraftstoffverbrauchs um 15 % erzielt wurde. Premiere in einem Porsche mit Straßenzulassung hatten darüber hinaus auch Endschalldämpfer und Endrohre aus Titan.

Der 3,8-Liter-Motor im Targa 4S leistete wie in Carrera S und Carrera 4S 355 PS.

Die großen Lufteinlässe im Bug und der charakteristische Heckflügel kennzeichneten den neuen 911 GT2.

530 PS machten den 911 GT2 bei seinem Erscheinen zum stärksten je gebauten 911er.

Die neuen Carrera-Modelle waren gut am LED-Tagfahrlicht zu erkennen.

Das Sonnenschutz-Rollo unter dem Glasdach sorgte jetzt für einen deutlich besseren Blendschutz.

Carrera 4 und 4S kamen rund dreieinhalb Monate nach den Carrera mit Heckantrieb auf den Markt, alle vier Varianten gab es von Anfang an als Coupé und als Cabriolet.

Motor und Fahrwerk der neuen Targa-Modelle waren weitgehend identisch mit denen der Carrera 4.

Der 911 Carrera der Black Edition läutete 2011 das Ende der 997-Generation ein.

911 Carrera 3.6 / Carrera S 3.8

Am 5. Juli 2008 präsentierten die Porsche-Händler in ihren Verkaufsräumen eine gründlich überarbeitete Version des 911 Carrera, und das in gleich vier Varianten: Als Carrera und Carrera S, jeweils als Coupé und als Cabriolet. Herausragendste Neuerung waren die komplett neu entwickelten Sechszylinder-Boxer mit 3,6 bzw. 3,8 Litern Hubraum, deren Leistung gegenüber den Vorgängermodellen um 20 (Carrera) bzw. 30 PS (Carrera S) gesteigert worden war. Eine Benzin-Direkteinspritzung und das optional erhältliche Porsche-Doppelkupplungsgetriebe verhalfen den Modellen zu noch mehr Sportlichkeit und Dynamik bei gleichzeitig überzeugender Verbrauchsreduktion. Da das PDK auch über eine Automatik-Funktion verfügte, ersetzte es bei den neuen Elfern die Tiptronic S. Äußerlich ganz leicht zu erkennen waren die neuen Modelle an der eingesetzten LED-Lichttechnik. Zum Auslaufen der Carrera-Serie 997 legte Porsche 2011 noch das Sondermodell »Black Edition« auf, technisch identisch mit dem Basis-Carrera, aber besser ausgestattet.

911 Carrera 4 3.6 / Carrera 4S 3.8

Nur rund dreieinhalb Monate nach den neuen heckgetriebenen kamen am 25. Oktober 2008 auch die überarbeiteten allradgetriebenen Elfer-Modelle Carrera 4 und Carrera 4S zu den Händlern, beide wiederum als Coupé und als Cabriolet. Bestückt mit den gleichen neuen Motoren wie die Modelle mit Hinterradantrieb, löste in der neuen Generation von Carrera 4 und Carrera 4S das elektronisch gesteuerte Porsche Traction Management (PTM) den bisherigen Allradantrieb mit Visko-Lamellenkupplung ab. Wie alle neuen Carrera verfügten auch Carrera 4 und Carrera 4S serienmäßig über Bi-Xenon-Scheinwerfer und LED-Tagfahrleuchten. Darüber hinaus bot Porsche erstmals ein dynamisches Kurvenlicht als Option an. Gut zu erkennen waren die neuen Allrad-Carrera auch an der neuen Reflektorblende zwischen den LED-Heckleuchten, die dem Heck einen noch dynamischeren Charakter verleihen sollte. Neu gestaltet war auch das Cockpit mit Multifunktionslenkrad.

911 Targa 4 3.6 / Targa 4S 3.8

Gleichzeitig mit den Carrera-4- und Carrera-4S-Modellen kamen am 25. Oktober 2008 auch die neuen Targa 4 und Targa 4S zu den Händlern. Damit hatte Porsche den bis dato schnellsten Generationswechsel in der Geschichte der 911-Familie vollzogen. Motor- und fahrwerkstechnisch waren die Targa- nahezu identisch mit den neuen allradgetriebenen Carrera-Modellen, neben den dort genannten Verbesserungen sorgte auch bei ihnen eine serienmäßige mechanische Hinterachs-Quersperre für noch bessere Fahrdynamik. Weiterentwickelt worden war auch das Porsche Communication Management PCM, das in den Elfern der neuen Generation jetzt über einen berührungsempfindlichen Bildschirm verfügte und Bluetooth-, USB- und iPod-fähig war. Entscheidendes Merkmal und optisches Highlight der Targa-4-Modelle war und blieb aber das 1,54 Quadratmeter große Glasdach. Spürbar gut getan hatte die Überarbeitung des Sonnenschutz-Rollos; es bot einen deutlich besseren Blendschutz.

Alle Carrera-Modelle (im Bild ein Carrera 4) verfügten jetzt auch über ein dynamisches Kurvenlicht.

997

911 GT3 3.8

Der neue 911 GT3 präsentierte sich im Mai 2009 nochmals stärker, schneller und präziser im Handling als sein Vorgänger. 435 PS gab der auf 3,8 Liter aufgebohrte Sechszylinder-Saugmotor jetzt ab, ein Plus von 20 PS gegenüber dem Vorgängermodell. Aerodynamische Modifikationen verliehen dem GT3 nicht nur ein neues Äußeres, sondern steigerten den Abtrieb so nachhaltig, dass der gesamte Anpressdruck mehr als doppelt so stark wie beim Vorgängermodell war. Erstmals verfügte der weltweit meistgebaute Production-Racer über ein besonders sportlich abgestimmtes, in Stufen abschaltbares elektronisches Stabilitätsprogramm, das im Porsche-Lexikon unter PSM (Porsche Stability Management) verzeichnet war. Der Normverbrauch sank leicht, die Alltagstauglichkeit stieg: Um den Zweisitzer vor den Gemeinheiten des Alltags wie hohen Absätzen oder Schwellen zu schützen, ließ sich die Schnauze per Knopfdruck um 30 Millimeter anheben.

Aerodynamische Modifikationen am neuen GT3 hatten den Abtrieb erheblich verbessert.

Respekt vor Kanten und Schwellen: Die Schnauze des neuen GT3 ließ sich um 30 mm anheben.

911 Turbo (S) 3.8

Einerseits deutlich sparsamer und leichter, andererseits nochmals stärker, schneller und dynamischer startete der neue 911 Turbo am 21. November 2009 in den Verkauf, und diesmal kamen Coupé und Cabriolet gleichzeitig auf den Markt. Wie bei allen überarbeiteten Elfern des Typs 997 lag die entscheidende Neuerung auch für die Turbo-Modelle im komplett neu entwickelten Motor, der mit 3,8 Litern Hubraum, Benzin-Direkteinspritzung und Biturbo 500 PS leistete. Als Option stand auch für die aufgeladenen Elfer das neue, siebengängige Porsche-Doppelkupplungsgetriebe PDK zur Verfügung. Auch die Fahrdynamik zeigte sich ein weiteres Mal verbessert: Allradantrieb PTM und Stability Management PSM waren weiterentwickelt worden und wurden jetzt noch unterstützt durch das neue Porsche Torque Vectoring PTV. Nochmals 30 PS stärker und besser ausgestattet schob Porsche im Frühjahr 2010 den 911 Turbo S nach, auch ihn gab es als Coupé und als Cabriolet. Ein Jahr später, im Frühjahr 2011, präsentierte Porsche dann noch das Sondermodell 911 Turbo S »Edition 918 Spyder«, limitiert auf 918 Exemplare und wiederum sowohl als Coupé als auch als Cabrio zu haben.

911 Sport Classic 3.8

Auf exklusive 250 Exemplare war die Stückzahl des 911 Sport Classic limitiert, der im Januar 2010 in den Handel kam. Dieser ganz spezielle Elfer war von Porsche Exclusive entwickelt worden, und sein Charakter war wirklich durch und durch exklusiv, was schon auf den ersten Blick am neu entwickelten Doppelkuppeldach und am feststehenden Heckspoiler in Form des legendären Entenbürzels vom 911 Carrera 2.7 des Modelljahrs 1973 erkennbar war. Die Leistung seines aus dem Carrera S stammenden 3,8-Liter-Motors war durch ein neues Saugsystem (sechs Luftklappen statt nur einer) um 23 PS angehoben worden, das PASM-Sportfahrwerk um 20 Millimeter tiefergelegt, und die Keramikbremse PCCB war serienmäßig an Bord. Exklusivität auch im Innenraum, in dem neue Materialien zum Einsatz kamen: Sitzmittelbahnen und Türverkleidungen beispielsweise waren mit sogenanntem Flechtleder bespannt, einem aus Glattlederstreifen und Garn gewobenem Material. So viel Exklusivität hatte natürlich ihren Reiz: Der Sport Classic war in kürzester Zeit vergriffen.

Vom Sondermodell 911 Turbo S »Edition 918 Spyder« sollte es nur 918 Exemplare geben.

Exklusiv war der 911 Sport Classic nicht nur wegen seines »Entenbürzel«-Heckspoilers.

Ebenfalls offen oder geschlossen kam im Frühjahr 2010 der nochmals stärkere 911 Turbo S auf den Markt.

Ende 2009 erschien der neue 911 Turbo, von Beginn als Coupé und als Cabrio lieferbar.

Kompromisslos sportlich: Der Anfang 2010 präsentierte 911 GT3 RS.

620 PS machten den 911 GT2 RS zum stärksten bis dahin gebauten Serien-911er.

Der Vierliter-Motor im 911 GT3 RS 4.0 war der größte Boxer, der je in einem Werks-Elfer verbaut wurde.

Die Fahrleistungen des GT2 RS grenzten nach Meinung eines Fachblatts an Zauberei.

Der neue GT3 RS war auf dem Nürburgring sage und schreibe 15 Sekunden schneller als sein Vorgänger.

911 GT3 RS 3.8

Der kompromisslos sportliche 911 GT3 RS erschien im Januar 2010. Als Homologationsbasis für den Renn-GT3 entwickelt, erfüllte er alle Voraussetzungen für den Rennsport und war dabei doch straßenzugelassen und sogar (bedingt) alltagstauglich. Der Unterschied zwischen GT3 und RS war, zumindest auf dem Papier, gar nicht so groß. Der RS war 15 PS stärker und nominell 25 Kilo leichter, wobei der Aufwand, mit dem diese Werte erreicht wurden, beträchtlich war. Für den Leistungsschub war ein neues, zweiflutiges Luftfiltergehäuse samt neu konstruierter, mit zwei Resonanzklappen arbeitender Sauganlage verantwortlich. Die Abgasanlage bestand aus Titan und war auf geringeren Abgasgegendruck ausgelegt, was die Ladungswechsel unterstützte. Dazu kam ein neues, um acht Kilogramm leichteres Einmassen-Schwungrad, das Ansprechverhalten und Drehfreude spürbar beflügelte. Im Supertest des Fachblatts sport auto unterbot der neue RS auf dem Nürburgring die Zeit des Vorgängers um unglaubliche 15 Sekunden.

911 GT2 RS 3.6

Die Kombination aus GT3 RS und Turbotechnik hieß GT2 RS und war der stärkste bis dato gebaute Serien-Elfer überhaupt: 620 PS und eine Drehmomentwoge von 700 Newtonmetern entlockte die Weissacher Performance-Abteilung dem 3,6-Liter-Biturbo; damit schaffte der Über-Porsche eine Höchstgeschwindigkeit von 330 km/h. Konsequenter Leichtbau drückte das Gewicht trotz des serienmäßigen 90-Liter-Tanks (normal waren 67 Liter) vollgetankt auf 1405 Kilogramm, damit war er leichter als ein GT3 RS. Viel wichtiger aber als die Quartettwerte waren die längs- und querdynamischen Erlebnisse, die ein GT2 RS auf der Rundstrecke bescherte: »Die Art und Weise, wie der Biturbo bei jeder sich bietenden Gelegenheit aus den Puschen kommt, grenzt an Zauberei«, stellte sport auto beim Supertest schier atemlos fest. Letztlich jedoch blieb der auf 500 Exemplare weltweit limitierte GT2 RS ein Fall für Sammler und Superreiche, immerhin musste die stolze Summe von knapp 280.000 Euro dafür hingeblättert werden.

911 GT3 RS 4.0

Der auf 600 Exemplare limitierte Vierliter-RS des Jahres 2010/2011 – nach offiziellen Angaben entstanden 613 Fahrzeuge – brachte reinrassige Rennsporttechnik auf die Straße. Mit einem Hubraum von vier Litern war dies der größte Boxermotor, der je in einem Werks-Elfer zu finden war; die Ausgangsbasis des eiligen Tuns bildete natürlich der 3,8-Liter-RS, der mit der Kurbelwelle des RSR-Rennwagens, Titanpleueln und Schmiedekolben aufgerüstet worden war. Der 911 GT3 RS 4.0 war ausschließlich mit für den Rundstreckeneinsatz ausgelegtem Sechsgang-Sportgetriebe lieferbar. Zu seinen optischen Merkmalen gehörten ein modifizierter Heckflügel sowie seitliche Luftleitschaufeln am Bug. Um das Gewicht noch weiter zu senken, kamen Leichtbau-Schalensitze, eine Fronthaube und Vorderkotflügel aus Karbon, eine Kunststoffheckscheibe sowie gewichtsoptimierte Teppiche zum Einbau. Features wie ein Klimaanlage fehlten natürlich ganz, dafür war ein Überrollkäfig serienmäßig.

Reinrassige Renntechnik kennzeichnete den 911 GT3 RS 4.0 des Modelljahrs 2012.

911 Carrera (4) GTS 3.8

Böse Zungen behaupteten, der GTS sei eine Kombination aus Sport-Classic-Motor und 4S-Karosserie, und tatsächlich entsprachen die Fahrleistung dieses Ober-Carrera denen des Sondermodells und die Karosserie mit dem breiten Heck der des Allrads. Einmal mehr waren die fahrdynamischen Helferlein PSM und PASM serienmäßig mit an Bord, ein PASM-Sportfahrwerk war auf Wunsch erhältlich, und die Sportauspuffanlage sorgte mit ihrem Sound für Gänsehaut. Letztlich erwies sich der GTS als clever zusammengesetztes Produkt bekannter und bewährter Komponenten. Das Aufgeld gegenüber den normalen Carrera-Modellen fiel mit knapp 20.000 Euro durchaus stattlich aus, doch der Nachfrage tat das keinen Abbruch, zumal die umfangreiche Serienausstattung einen Großteil des Mehrpreises wettmachte. Während der GTS ab Ende 2010 gebaut wurde und gleichzeitig als Coupé und als Cabriolet auf den Markt kam, ließ die GTS-Variante des Carrera 4 noch ein Dreivierteljahr auf sich warten, bevor auch sie in beiden Karosserieversionen zu den Händlern rollte.

911 Speedster 3.8

Auf dem Autosalon in Paris 2010 zeigte Porsche eine weitere Carrera-Variation, den Speedster. Limitiert auf 356 Exemplare, hatte dieser Vertreter der 997-Baureihe eine flacher gestellte und um 60 Millimeter gekürzte Windschutzscheibe und turbodicke Backen. Die Scheibe stammte übrigens aus dem Boxster-Regal, die Karosserie spendete der 4S. Für die Türen und Hauben aus Leichtmetall griff man in das Turbo-Regal, und die Aerodynamikteile stammten aus dem Sport-Design-Paket. Das windige Stoffmützchen verschwand unter einem elektrisch zu betätigenden Verdeckkastendeckel mit speedstertypischer Hutze, die Dachbetätigung selbst hatte von Hand zu erfolgen: Ein elektrisches Verdeck hätte nun wirklich nicht zum puristischen Ansatz gepasst. Speziell für dieses Modell entwickelten die Ingenieure eine neue Fahrwerksabstimmung mit dickerem Stabilisator hinten. Innen fand sich schwarzes Glattleder, abgesetzt in Kontrastfarben der Außenlackierung.

Ende 2010 erschien der 911 Carrera GTS.

Dafür waren sowohl heck- als auch allradgetriebener GTS ab Marktstart auch als Cabrio zu haben.

Vom 911 Speedster sollten nur 356 Exemplare gebaut werden.

Den GTS gab es zunächst nur mit Heckantrieb, der Carrera 4 GTS kam erst ein Dreivierteljahr später.

Der Speedster war ausschließlich mit dem Siebengang-PDK-Getriebe zu haben.

Deutlich kürzer und flacher angewinkelt: Die Windschutzscheibe des Ende 2010 erschienenen Carrera Speedster.

Die Cabrio-Variante des Carrera S kam wie die des Carreras erst ein Vierteljahr nach den Coupés auf den Markt.

Auch die Allradler Carrera 4 und 4S gab es jeweils als Coupé oder Cabriolet.

Die 911er der Generation 991 (hier ein Carrera) verfügten über eine völlig neue Leichtbaukarosserie.

Das Dach-Mittelteil ließ sich jetzt auf Knopfdruck versenken.

911 Carrera 3.4 / Carrera S 3.8

Mit einem der größten Entwicklungsschritte in der langjährigen Geschichte des Sportwagen-Klassikers kam der Porsche 911 Carrera der neuen Generation 991 im Dezember 2011 auf den Markt. Carrera und Carrera S gab es zunächst nur als Coupé, die Cabrios kamen erst ein Vierteljahr später zu den Händlern. Die 911er verfügten über eine völlig neue Leichtbaukarosserie, sparsamere Motoren und ein neues Fahrwerk. Erstmals mit an Bord war die Dynamic Chassis Control als »neuer Maßstab für Querbeschleunigung und Handling«, wie es die Pressemappe formulierte, sowie eine elektromechanische Servolenkung. Die Carrera-S-Modelle erhielten darüber hinaus serienmäßig das Porsche Torque Vectoring (PTV), ein System, das aus einer mechanischen Hinterachsquersperre und einer variablen Momentenverteilung an der Hinterachse bestand. Bei Fahrzeugen mit dem optionalen Doppelkupplungsgetriebe war die Hinterachsquersperre elektronisch geregelt und vollvariabel. Wie vom Boxster gab es 2015 auch vom 911 Carrera eine »Black Edition« genannte Sonderserie, erhältlich als Carrera und Carrera 4, jeweils wahlweise als Coupé oder als Cabrio.

911 Carrera 4 3.4 / Carrera 4S 3.8

Auch der Allrad-Elfer der 991er-Reihe kam in vier Varianten – 911 Carrera 4 und 911 Carrera 4S, jeweils als Coupé und Cabriolet – auf den Markt. Neu war bei den Cabrios die Verdeckkonstruktion, sie war nicht nur leicht, sondern auch anders geschnitten, sodass die Silhouette des geschlossenen Wagens exakt derjenigen des Coupés entsprach. Wie üblich, geriet das Heck der Allrad-Elfer breiter als bei den Hecktrieblern, außerdem fand sich auch das traditionelle rote Leuchtenband (zugleich auch Schluss- und Parklicht) als Querspange zwischen den Rücklichtern. Zudem war der neue 911 Carrera 4 um bis zu 65 Kilogramm leichter als zuvor und um bis zu 16 Prozent sparsamer. Überarbeitet zeigte sich auch der variabel agierende Allradantrieb, ohne dass sich am Grundsatz etwas geändert hätte: »Wann und wo immer man auch aufs Gas tritt – immer schnellt der Elfer nach vorn ... ohne gefährliche Schlenker im Heck beißen sich die vier Räder in den Asphalt«, lobte Auto Bild.

911 Targa 4 3.4 / Targa 4S 3.8

Der erste Porsche 911 Targa hatte 1965 als »Sicherheitscabriolet« das Licht der Autowelt erblickt, und seither gehört der Elfer mit herausnehmbaren Dachmittelteil zur Porsche-DNA; auch wenn diese zwischendurch verschüttet zu werden drohte. Auf der North American International Auto Show (NAIAS) in Detroit 2014 rollte Porsche dann die Neuinterpretation der Targa-Idee ins Rampenlicht: Vorhang auf für den 911 Targa der Baureihe 991. All das, was den legendären Ur-Targa ausgemacht hatte, fand sich hier wieder, der breite Bügel anstelle der B-Säulen, das bewegliche Dachmittelteil und die gewölbte Heckkanzel ohne C-Säule. Allerdings öffnete und schloss hier das Targadach in 19 Sekunden auf Knopfdruck, was ein hochkomplexes System aus Elektromotoren und Hydraulikzylindern voraussetzte – ein bewundernswertes Stückchen Ingenieurskunst, auch wenn die Frage nach dem Aufwand durchaus ihre Berechtigung hatte.

Die neuen Targas besaßen wieder die breiten Bügel ihrer Ur-Ahnen.

Der 3,8-Liter-Boxer in Carrera S und 4S brachte es auf 400 PS.

991

911 GT3 3.8

Die fünfte Generation des rundstreckentauglichen Seriensportlers 911 GT3 feierte ihre Weltpremiere 2013 auf dem Internationalen Auto-Salon in Genf. Der GT3 stellte eine vollständige Neuentwicklung dar, nutzte aber natürlich Komponenten aus dem umfangreichen Porsche-Baukasten. Der 3,8-Liter-Boxermotor, hier 475 PS bei 8250/min stark, basierte auf dem Aggregat des 911 Carrera S, hatte mit diesem allerdings kaum Gleichteile. Insbesondere Kurbel- und Ventiltrieb waren GT3-typisch, schließlich sollte der Sechszylinder klaglos Drehzahlen bis 9000/min überstehen. Auch das serienmäßige PDK wurde auf die höheren Belastungen ausgelegt. Im Rahmen des neu entwickelten Vollaluminium-Fahrwerks kam erstmals eine aktive Hinterachslenkung zum Einsatz; den Fahrbahnkontakt stellten geschmiedete 20-Zoll-Leichtmetallräder mit Zentralverschluss her. Die Karosserie, hinten um 44 mm breiter als beim Carrera S, schmückte sich wieder mit einem großen, feststehenden Heckflügel.

Nach wie vor markantes Kennzeichen: Der starre Heckflügel.

911 Carrera S 3.8 »50 Jahre 911«

Herzlichen Glückwunsch: zum Fünfzigsten schenkten die Zuffenhausener den Fans – sofern diese gewillt waren, dafür 121.119 Euro hinzublättern – ein edel angerichtetes Sondermodell auf Basis des Carrera S. Das 400-PS-Sondermodell mit modifiziertem PASM-Fahrwerk, Sport-Abgasanlage und 20-Zoll-Rädern im Stil der legendären »Fuchs«-Felgen war in Graphitgrau, Geysirgraumetallic sowie in Schwarz lieferbar. Auf dem Heckdeckel, den Kopfstützen und an verschiedenen weiteren Stellen fand sich der Schriftzug »911 50«, eine Plakette mit der Nummerierung – die Serie war auf 1963 Exemplare beschränkt – klebte auf der Blende des Cupholders. Ein weiteres nettes Detail dieses Sondermodells waren die im Innenraum zu findenden Reverenzen an den Ur-Elfer: die Beschriftung der Instrumente war wie vor 50 Jahren grün, die Zeiger waren weiß, und die Stoff-Mittelbahnen der Leder/Stoff-Sitze zitierten das in den 1960er Jahren gängige »Pepita«-Karomuster.

911 Turbo (S) 3.8

Zum 40-jährigen Turbo-Jubiläum präsentierte Porsche auf der IAA 2013 die neue Turbo-Generation, nicht ganz zu Unrecht von Porsche als »die technologische und fahrdynamische Spitze der Elfer-Baureihe« gefeiert. Neuer Allradantrieb, adaptive Aerodynamik, Voll-LED-Scheinwerfer und der 520 PS starke Sechszylinder-Biturbo (Turbo S: 560 PS) untermauerten den Status als neues Flaggschiff der Baureihe. Zum Einsatz kam auch eine Hinterachslenkung, bei der die Hinterräder bei Geschwindigkeiten bis zu 50 km/h gegenläufig zu den Vorderräder in Aktion traten. Dafür sorgten aber keine konventionellen Spurlenker, sondern elektromechanische Stellmotoren, wie überhaupt die Elektronik einen immer größeren Stellenwert einnahm. Aktiver Wankausgleich (PDCC) und Sport-Chrono-Paket mit dynamischen Motorlagern steigerten nochmals die Fahrdynamik und waren beim Turbo S serienmäßig, für den Turbo als Option lieferbar. Erstmals bot Porsche in den neuen Turbos auf Wunsch auch ein High-End-Surround-Sound-System von Burmester® an.

Technologische und fahrdynamische Spitze der 911-Baureihe: 911 Turbo S mit 560 PS.

Auch 911 Turbo und Turbo S waren jeweils als Coupé und als Cabrio lieferbar.

Mit Reminiszenzen an die Ur-Elfer der 1960er-Jahre: Das Sondermodell »50 Jahre 911«.

20-Zoll-Räder im Stil der Fuchs-Felgen am Jubiläums-Modell.

Der neue GT3 stand auf einem Vollaluminium-Fahrwerk.

Mit 20 Zusatz-PS und wiederum als Coupé und Cabrio zu haben: 911 Turbo und der hier abgebildete 911 Turbo S.

Knapp 260.000 Euro kostete der 911 Turbo S Exclusive Series.

Nochmals gesteigerte Performance: 911 GT3 RS ab 2015.

Der Vierliter-Sechszylinder im 911 GT3 RS leistete glatte 500 PS.

Der 911 Targa 4 GTS erschien nur wenig später als die Carrera-GTS-Modelle.

911 Carrera (4) GTS 3.8

Wie beim Vorgänger 997 buchstabierte Porsche auch beim Typ 991 das Elfer-Alphabet von vorne nach hinten durch: Der oberhalb des Carrera S, aber unter dem GT3 angesiedelte GTS der zweiten Generation ging im November 2014 an den Start. 430 PS, Sport-Chrono-Paket und das aktive Dämpfersystem PASM mit milden zehn Millimetern Tieferlegung waren ebenso Standard wie Bi-Xenon-Scheinwerfer inklusive Porsche Dynamic Light System, eine Sportabgasanlage und das mit Leder und Alcantara® ausgeschlagene Interieur. Die Karosserie samt damit verbundenen Fahrwerksmodifikationen stammte wie gewohnt vom Carrera 4, optische Unterschiede fanden sich an Heck – schwarzes Lüftungsgitter und schwarz verchromte Endrohre – und Bug mit neuer Verkleidung, garniert mit abgedunkelten Bi-Xenon-Scheinwerfern. Serienmäßig waren außerdem mattschwarz lackierte 20-Zöller mit Zentralverschluss.

911 Targa 4 GTS 3.8

Auf der North American International Auto Show 2015 in Detroit präsentierte Porsche erstmals einen 911 Targa als GTS. Mit 430 PS noch stärker motorisiert als Targa 4 und Targa 4S, ließ sich der GTS mit seinen mattschwarzen 20-Zoll-Rädern mit Zentralverschluss, der Sport-Design-Bugverkleidung, einem schwarzen Lufteinlassgitter und schwarzen GTS-Schriftzügen auf den Türen, am Heck und auf dem Überrollbügel auch äußerlich gut von seinen Brüdern unterscheiden. Als GTS verfügte der Targa 4 serienmäßig unter anderem über das Sport-Chrono-Paket, ein PASM-Fahrwerk und eine Sport-Abgasanlage. Trotz nochmals verbesserter Ausstattung konnte das Leistungsgewicht des GTS nicht zuletzt dank der Mehr-PS von 3,9 auf 3,6 kg pro PS verbessert werden.

911 GT3 RS 4.0

Einmal mehr trachtete Porsche mit dem ab Mai 2015 erhältlichen 911 GT3 RS, die »Grenze zwischen Sportwagen und Rennfahrzeug zu überwinden«. Dazu hatte man umfangreiche Modifikationen an Antrieb, Aerodynamik und Leichtbau vorgenommen, um die Performance gegenüber dem 911 GT3 nochmals deutlich zu steigern. So war der RS beispielsweise noch einmal rund 10 kg leichter als der GT3, was er nicht zuletzt einem Dach aus Magnesium und einer Motorhaube aus Kohlefaser zu verdanken hatte. Hinterachslenkung und Porsche Torque Vectoring Plus mit vollvariabler Hinterachs-Quersperre trugen zu einem Mehr an Agilität und Dynamik bei, die breitere Spur an Vorder- und Hinterachse mündete in noch mehr Wankstabilität als beim 911 GT3. Zudem verfügte der 911 GT3 RS über die breiteste Serienbereifung aller 911-Modelle. Im Inneren des Sportlers gab es neue Vollschalensitze, das Clubsport-Paket gehörte serienmäßig dazu, das Sport-Chrono-Paket allerdings war auch für den GT3 RS nur gegen Aufpreis erhältlich.

911 Turbo (S) 3.8

Ebenfalls mit jeweils 20 PS mehr Leistung, »geschärftem Design« (O-Ton Porsche) und verbesserter Ausstattung präsentierte Porsche im Januar 2016 die neuen 911 Turbo und 911 Turbo S. Beide waren von Beginn an wieder als Coupé und als Cabrio erhältlich. Das Leistungsplus gegenüber den Vorgängermodellen wurde durch geänderte Einlasskanäle im Zylinderkopf, neue Einspritzdüsen und erhöhten Kraftstoffdruck erzielt. Gleichzeitig war es dank des weiterentwickelten elektronischen Motor- und Getriebemanagements mit überarbeiteten Schaltkennfeldern gelungen, den Kraftstoffverbrauch nochmals um rund 0,6 Liter zu senken. Ein Bose®-Soundsystem war wie bei den Vorgängermodellen serienmäßig, auf Wunsch war aber auch eine Burmester-Anlage lieferbar. 2017 präsentierte Porsche einen auf 500 Exemplare limitierten 911 Turbo S Exclusive Series an, mit 607 PS der bis dato stärkste 911 Turbo, aufwendig veredelt und stets lackiert in exklusivem Goldgelbmetallic.

Wie in allen GTS-Modellen werkelte auch im Carrera 4 GTS ein 430 PS starker Sechszylinder-Boxer.

991

911 Carrera (S) 3.0

Schon immer hatte es Porsche verstanden, technische Entwicklungssprünge, die beinhart-traditionsverhafteten Fans sauer hätten aufstoßen können, mit einem deutlichen Plus an Leistung und Dynamik schmackhaft zu machen. Mit der Ende 2015 präsentierten Überarbeitung der Baureihe 991, die »Facelift« oder »Modellpflege« zu nennen doch leicht untertrieben wäre, hatte Porsche bei seinem Erfolgsmodell das Ende der Saugmotor-Ära eingeläutet: In Carrera und Carrera S arbeitete jetzt ein Dreiliter-Boxer mit Biturbo, der beiden Modellen ein Leistungsplus von 20 PS gegenüber den Vorgängern bescherte und das maximale Drehmoment um satte 60 Nm ansteigen ließ – und das bei einem laut Porsche um bis zu knapp zwölf Prozent geringerem Spritverbrauch. Alle Carrera besaßen jetzt ein um zehn Millimeter tiefergelegtes PASM-Fahrwerk, für den Carrera S stand optional auch die aktive Hinterradlenkung zur Verfügung.

Die Carrera der intern auch 991 II genannten Generation ließen sich von ihren Vorgängern gut an den vertikal verlaufenden Lamellen im Lüftungsgitter unterscheiden.

911 Carrera/Targa 4(S) 3.0

Auf der Tokio Motorshow 2015 präsentierte Porsche die neuen Turbo-Carreras auch mit Vierradantrieb, wiederum jeweils als Coupé und als Cabriolet. Technisch weitgehend mit den Carrera-4-Modellen identisch, setzten sich die Targa-911er einmal mehr vor allem durch ihr individuelles Design von den Coupés und Cabrios ab. Und selbstverständlich verfügten auch die neuen Allrad-Neunelfer wie ihre heckgetriebenen Artgenossen über leistungsgesteigerte und verbrauchsreduzierte Motoren sowie das neue Infotainment-System mit Online-Navigation, das unter anderem mit Verkehrsinformationen in Echtzeit, Google Earth und Google Street View aufwarten konnte. Zusätzlich aber war auch die Technik des Allradantriebs weiterentwickelt worden, sie entsprach jetzt der im 911 Turbo. Damit waren die Vierer in der Beschleunigung jetzt erstmals den hinterradgetriebenen Neunelfern überlegen. Von denen ließen sie sich optisch gut anhand der deutlichen 44 Millimeter zusätzlicher Breite an den hinteren Radläufen und dem breiten Leuchtenband zwischen den Heckleuchten unterscheiden.

Erheblich überarbeitet auf der IAA 2015 präsentiert: Der neue 911 Carrera der Generation 991 mit Dreiliter-Turbo.

911 Carrera/Targa (4) GTS 3.0

Der Vormarsch der Turbomotoren in den 911-Modellen ging unaufhaltsam voran: Ab Januar 2017 waren auch die GTS-Versionen der Sportler aus Zuffenhausen zwangsbeatmet. Der Dreiliter-Biturbo leistete in den GTS-Varianten dank neuer Turbolader 450 PS, das Drehmoment war im Vergleich zu dem des 3,8-Liter-Saugers aus dem Vorgänger um 110 auf 550 Nm gestiegen. Damit schafften alle GTS-911er eine Höchstgeschwindigkeit von über 300 km/h. Das Sport-Chrono-Paket war in jedem GTS serienmäßig an Bord, ebenso kamen alle GTS mit der verbreiterten Allradkarosserie daher, auch die heckgetriebenen. Äußerlich erkennbar waren die GTS an abgedunkelten Heckleuchten, schwarz seidenglänzenden Lufteinlassgittern und mittig angeordneten Doppelendrohren. Die Rückleuchten bei den Heckantriebsvarianten waren mit einer schwarzen Zierleiste verbunden, die Allradler waren hier durch ein Leuchtenband gekennzeichnet. Im November 2018 legte Porsche vom Targa 4 GTS noch eine von der Nordseeinsel Sylt inspirierte Sonderserie in der »Exclusive Manufaktur Edition« auf.

Flott unterwegs: Den GTS-Modellen reichten 450 PS für eine Höchstgeschwindigkeit von über 300 km/h.

Alle auf dieser Doppelseite vorgestellten Modelle gab es als Coupé und als Cabrio, die Targas allerdings gab es nicht mit Heckantrieb.

Die 911 Carrera und Targa mit Allradantrieb ließen sich am durchgehenden Leuchtenband zwischen den Heckleuchten erkennen.

911 Targa 4 GTS »Exclusive Manufaktur Edition«.

»Wolf im Schafspelz«: Das auf 991 Exemplare limitierte Sondermodell 911 R.

Den farbigen Streifen auf dem 911 R gab es wahlweise auch in Grün.

Der GT3 mit Touring-Paket übte sich im Understatement, er verzichtete auf den starren Heckflügel des Standard-GT3.

Höchstleistungssportwagen mit 700 PS: Der ab Mitte 2017 angebotene 911 GT2 RS.

Der neue Vierliter-Boxermotor im GT3 leistete 500 PS.

911 R 4.0

Als »Wolf im Schafspelz« präsentierte Porsche auf dem Genfer Autosalon 2016 den 911 R, ein auf 991 Exemplare limitiertes Sondermodell, das schon ausverkauft war, noch bevor es zu den Händlern kam. Nun mag es ja dahingestellt bleiben, ob eine 911er-Karosserie als »Schafspelz« durchgehen kann, doch als Wolf entpuppte sich der nach dem historischen Rennwagen von 1967 benannte 911 R tatsächlich spätestens dann, wenn die 500 PS des hochdrehenden Vier-Liter-Saugmotors losgaloppierten. Selbstredend gab es diesen reinrassigen Sportler ausschließlich mit manuell zu schaltendem Sechsganggetriebe, und ebenso selbstredend war der 911 R zum leichtesten Neunelfer seiner Zeit abgespeckt worden (u. a. Magnesium-Dach, Entfall von Rückbank, Audio- und Klimaanlage, die allerdings optional doch noch erhältlich war). Hinterachslenkung und Keramik-Bremsen waren serienmäßig an Bord, durchgehende farbige Streifen in rot oder grün über die gesamte Fahrzeug-Mitte kündeten von der Verwandtschaft zum legendären Vorgänger.

911 GT3 4.0

Auch ein Spagat ist eine Verbindung, und die zwischen Alltag und Rundstrecke wollte Porsche mit dem ab Mitte 2017 erhältlichen 911 GT3 nochmals intensivieren. Sein neuer Vierliter-Boxer leistete 500 PS, die den vollgetankt 1430 kg schweren Zweisitzer in 3,4 Sekunden von 0 auf 100 km/h katapultierten. Mit dem Siebengang-Doppelkupplungsgetriebe war erst bei 318, mit der optional erhältlichen Sechsgang-Handschaltung bei 320 km/h Schluss. In die Überarbeitung des GT3-Fahrwerks hatte Porsche einmal mehr seine Erfahrungen aus dem Rennsport einfließen lassen, gegenüber dem Carrera S lag der GT3 nochmals um 25 mm tiefer, und zu den ausgezeichneten Handling-Eigenschaften trug die aktive Hinterachslenkung einen erheblichen Teil bei. Auf der IAA 2017 präsentierte Porsche schließlich auch einen GT3 mit »Touring-Paket«: Ähnlich dynamisch wie der GT3, aber mit dem variablen Heckspoiler des Carreras statt dem festen Heckflügel des Standard-GT3.

911 GT2 RS 3.8

Es gibt Sportwagen, Hochleistungssportwagen und Höchstleistungssportwagen. Einen der letzteren Art bot Porsche ab Mitte 2017 mit dem neuen 911 GT2 RS an, dem einmal mehr schnellsten und stärksten Straßen-Elfer, den es bis dahin gegeben hatte. 700 PS aus einem 3,8 Liter großen Sechszylinder-Boxer mit Biturbo-Aufladung machten den RS 340 km/h schnell, für die Beschleunigung von 0 auf 100 brauchte der Zweisitzer gerade einmal 2,8 Sekunden. Ein spezifisch abgestimmtes Siebengang-Doppelkupplungsgetriebe sorgte für eine unterbrechungsfreie Kraftübertragung. Das lupenreine Rennsportfahrwerk mit Hinterachslenkung des GT2 RS ließ Kurvengeschwindigkeiten zu, die eindeutig in den Bereich der Supersportwagen gehörten. Selbstverständlich zur serienmäßigen Ausstattung gehörten bei dem immerhin 285.000 Euro teuren Sportwagen die Porsche-Keramikbremsen, knapp 9500 Euro extra hingegen wurden für eine erstmals von Porsche Design speziell zum GT2 RS aufgelegte Armbanduhr fällig, die ausschließlich Eignern des Super-Elfers vorbehalten blieb.

Der GT2 RS verfügte über ein lupenreines Rennsportfahrwerk mit Hinterachslenkung.

991

911 Carrera T

Ab Januar 2018 bot Porsche mit dem 911 Carrera T wieder ein T-Modell an, mit dem das puristische Konzept des 911 T von 1968 wiederbelebt werden sollte. Konsequent auf Sportlichkeit und Leichtbau getrimmt, wurde der Touring-Elfer – das »T« steht bei Porsche für Touring – unter anderem ohne Rücksitze und ohne das Porsche Communication Management ausgeliefert. Beides war allerdings auf Wunsch ohne Aufpreis auch im Carrera T zu haben. Der Carrera T wog als Zweisitzer 20 kg weniger als der Carrera, sein Sechsgang-Schaltgetriebe war kürzer übersetzt und der Heckantrieb war mit einer mechanischen Hinterachsquersperre versehen, die mehr Performance und Fahrspaß versprach. Und anders als für den Carrera war für den T die Hinterachslenkung immerhin auf Wunsch erhältlich, ein PASM-Sportfahrwerk mit 20 mm Tieferlegung hingegen war serienmäßig. Den Carrera T äußerlich von anderen 911ern zu unterscheiden, war kein Problem: Ein seitlicher Schriftzug mit der Modellbezeichnung fiel unmittelbar ins Auge. Im Inneren fiel unter anderem ein verkürzter Schalthebel auf mit einem in Rot auf dem Knauf eingelassenem Schaltschema.

Der 911 Carrera T war konsequent auf Sportlichkeit und Leichtbau getrimmt.

911 GT3 RS 4.0

2018 präsentierte Porsche auf dem Genfer Automobilsalon mit dem neuen 911 GT3 RS seinen bislang stärksten Serien-911 mit Saugmotor. Eine auf höchste Dynamik und Präzision ausgelegte Fahrwerksabstimmung mit neu kalibrierter Hinterachslenkung wurde dem Anspruch des auf 520 PS leistungsgesteigerten Triebwerks mehr als gerecht. Der Motor drehte bis auf 9000 Touren, die ein speziell abgestimmtes Siebengang-Doppelkupplungsgetriebe in exzellente Fahrleistungen umzusetzen verstand: 3,2 Sekunden von 0 auf 100, Höchstgeschwindigkeit 312 km/h. Gewichtsoptimierte Karosserie, Vollschalensitze aus Carbon, Leichtbautürtafeln und eine reduzierte Dämmung trugen zur Verbesserung des Leistungsgewichts bei. Ein Clubsportpaket war auf Wunsch ohne Aufpreis erhältlich, es enthielt unter anderem Überrollbügel, Handfeuerlöscher, die Vorrüstung für einen Batterietrennschalter und einen Sechspunkt-Gurt. Ein optionales »Weissach-Paket« mit zusätzlichen Carbon-Bauteilen und nochmals aufpreispflichtigen Magnesiumrädern erlaubten ein weitere Gewichtsreduzierung auf bis zu 1430 kg.

Gelungene Spreizung: Bessere Alltagstauglichkeit und noch mehr Sportlichkeit im neuen 911 Speedster.

911 Speedster

»Alltagstaugliche Motorsporttechnik« präsentierte Porsche ab Mitte 2019 im neuen 911 Speedster, für dessen Entwicklung 911 R und GT3 Pate gestanden hatten. Optisch sollte der Speedster die Brücke zum Urahn aller Porsche schlagen, dem 356 »Nr. 1« von 1948, die Auflage war denn auch auf exakt 1948 Exemplare beschränkt. Der Vierliter-Boxer im Speedster leistete 510 PS, zu haben war die Spaß-Maschine ausschließlich mit einem Sechsgang-Handschaltgetriebe. Optisch markantestes Merkmal des Speedsters war der Verdeckkastendeckel mit seiner typischen Doppelhutze, der hier in einem Stück aus karbonfaserverstärktem Kunststoff (GFK) bestand. Das Stoffverdeck war trotz seiner puristischen Auslegung alltagstauglich, die Verdeckbetätigung erfolgte immer noch teilweise von Hand, gelang aber inzwischen relativ mühelos. Für knapp 22.000 Euro bot Porsche für den Speedster noch ein »Heritage Design-Paket« an, das unter anderem ein spezielle Farbgebung des Interieurs und eine frei wählbare, maximal zweistellige Startnummer samt Porsche-Schriftzug auf den beiden Karosserieseiten beinhaltete.

Die zum Heritage Design-Paket gehörende Startnummer war für den Kunden frei wählbar.

Ein PASM-Sportfahrwerk mit 20 mm Tieferlegung war beim Touring-Elfer serienmäßig.

Ein aufpreispflichtiges »Weissach-Paket« bescherte dem GT3 RS eine zusätzliche Gewichtsreduzierung.

Nochmals in der Leistung gesteigert: 911 GT3 RS des Modelljahrs 2018.

Das Sondermodell 911 Targa 4S Heritage Design Edition, limitiert auf 992 Exemplare.

Die Motoren der S-Modelle – im Bild ein 911 Carrera 4S – leisteten jetzt 450 PS.

Der 911 Carrera der neuen Generation erschien ein gutes halbes Jahr nach den Carrera-S-Modellen.

Auch die neue Generation des Neunelfers – hier ein 911 Carrera S – sollte »Maßstäbe in Sachen exklusiver Sportlichkeit« setzen.

Präsentation des neuen 911 Carrera 4 auf der IAA 2019.

Im Spätsommer 2020 erschienen dann auch die Targa-Modelle der neuen Generation 992.

911 Carrera (4) S

Ende 2018 präsentierte Porsche auf der L.A. Autoshow die nunmehr achte Generation (Typ 992) des Neunelfers, vertreten zunächst nur durch die Coupés 911 Carrera S und 911 Carrera 4S, die Cabrio-Varianten sollten gut einen Monat später folgen. Die neuen S-Modelle wirkten optisch nochmals muskulöser als ihre Vorgänger, die Spur war um 40 mm gewachsen und über den vorn 20 und hinten 21 Zoll großen Rädern wölbten sich jetzt deutlich breitere Radhäuser, während das Heck nun bei allen Modellen die gleiche Breite aufwies. Eine Vertiefung in der Fronthaube zwischen den LED-Scheinwerfern erinnerte an das Design der ersten 911-Generation.

Der Optik entsprach eine unter anderem durch ein verbessertes Einspritzverfahren und neu angeordnete Turbolader erzielte Leistungssteigerung auf nunmehr 450 PS. Die Kraftübertragung erfolgte durch ein neu entwickeltes Porsche-Doppelkupplungsgetriebe mit jetzt acht Gängen. Zahlreiche elektronische Helferlein und digitale Komponenten erhöhten Fahrsicherheit und Komfort, so gab es beispielsweise einen neuen »Wet Mode« für sichereres Fahrverhalten auf nassen Straßen, einen Nachtsichtassistenten mit Wärmebildkamera und eine umfassende Konnektivität, die Schwarm-Intelligenz nutzte.

911 Carrera (4)

Ende Juli 2019 erhielt die bis dato noch recht kleine 992-Familie Zuwachs in Form des heckgetriebenen Basismodells 911 Carrera, Ende Oktober folgte dann auch die Allradvariante 911 Carrera 4. Unterscheiden ließen sich die beiden – abgesehen vom Schriftzug am Heck – lediglich an den Chromeinlegern im Heckgitter des Allradlers und an den lediglich dem Carrera 4 vorbehaltenen trapezförmigen Auspuff-Endrohren. Bei den Basis-Carreras waren die Räder mit 19 Zoll vorn und 20 Zoll hinten jeweils einen Zoll kleiner als bei den S, ansonsten wiesen sie nahezu unverändert alle Designelemente der neuen Generation auf. Auch das Interieur mit unter anderem dem 10,9 Zoll großen Touch-Screen-Monitor und den grundlegend überarbeiteten Sitzen teilten sich 911 Carrera und 911 Carrera 4 mit den S-Modellen. Sowohl Carrera als auch Carrera 4 waren von Anfang an als Coupé wie auch als Cabrio zu haben, ihr Sechszylinder-Boxer mit Biturbo-Aufladung leistete mit 385 jetzt 15 PS mehr als der Vorgänger.

911 Targa 4(S)

Ab August 2020 war der 911 der Generation 992 dann auch als Targa 4 bzw. Targa 4S zu haben. In dieser Karosserieversion nur mit Vierradantrieb zu haben, verfügten die Targas über die gleichen Motoren wie die Carrera-Allradler mit 385 bzw. in der S-Variante 450 PS. Beide verfügten ab Werk über die Achtgang-PDK, der Targa 4S konnte auf Wunsch auch mit einem neu entwickelten Siebengang-Schaltgetriebe einschließlich Sport-Chrono-Paket geliefert werden. Erstmals erhältlich war in den Targas ein »Porsche InnoDrive« mit Abstandsregeltempostat. Die weiterentwickelte Smartlift-Funktion erlaubte für den Alltagsbedarf eine Anhebung der Bodenfreiheit zum Schutz vor Bordsteinkanten und Schwellen. Auch die Targa-Modelle verfügten serienmäßig über den Porsche Wet Mode: Sensoren in den vorderen Radhäusern waren in der Lage, signifikante Nässe auf der Fahrbahn zu erkennen und rieten in einem solchen Fall dem Fahrer über ein Signal im Cockpit, manuell in den Wet Mode zu wechseln, wodurch dann diverse Parameter so angepasst wurden, dass ein Maximum an Fahrstabilität gewährleistet war. Bereits im Herbst des gleichen Jahres legte Porsche vom Targa 4S noch ein Sondermodell auf, den 911 Targa 4S Heritage Design Edition.

992

911 Carrera (4) GTS

Rund zweieinhalb Jahre nach Markteinführung des Typs 992 präsentierte Porsche Mitte 2021 die neuen GTS-Modelle der Baureihe 911. Die Carrera GTS waren von Anfang an wieder als Coupé und als Cabriolet zu haben. Der Sechszylinder-Boxermotor leistete in allen GTS 480 PS, 30 mehr als beim zeitgenössischen 911 Carrera S oder beim 911 GTS der Vorgänger-Generation. Ein Achtgang-PDK oder wahlweise ein Siebengang-Schaltgetriebe sowie ein GTS-spezifisches Fahrwerk mit Porsche Active Suspension Management (PASM) und der Hochleistungsbremse des 911 Turbo sorgten für souveräne Fahreigenschaften, deren Dynamik sich durch ein erstmals erhältliches Leichtbau-Paket (mit bis zu 25 kg Gewichtseinsparung) nochmals verbessern ließ. Optisch markant waren an der Karosserie schwarze Kontrastelemente, und auch im Interieur war Schwarz die vorherrschende Farbe. Eine serienmäßige, speziell abgestimmte Sportabgasanlage sorgte für ein besonderes Sounderlebnis, nicht zuletzt auch durch den Verzicht auf einen Teil der Interieurdämmung.

Der neuen 911 Carrera GTS der Generation 992 kam Mitte 2021 auf den Markt.

911 Targa 4 GTS

Komplettiert wurde die GTS-Familie der Generation 992 durch die Targa-Variante, die zeitgleich mit den Carrera-GTS-Modellen auf den Markt kam. Zusätzlich zu den schwarzen Details im Exterieur waren beim 911 Targa 4 GTS auch die charakteristischen Targa-Bügel samt Targa-Schriftzug in Schwarz gehalten. Alle GTS-Modelle standen auf vorn 20 und hinten 21 Zoll großen schwarzen Leichtmetallrädern mit Zentralverschluss, die vom 911 Turbo S stammten. Im Inneren der GTS-Modelle war der Schalthebel des auf Wunsch erhältlichen Siebengang-Schaltgetriebes um zehn Millimeter gekürzt worden, GT-Sportlenkrad sowie Sport-Chrono-Paket mit Mode-Schalter, Porsche Track Precision-App und eine Reifentemperaturanzeige waren serienmäßig an Bord. Für Seitenhalt und Komfort sorgten die serienmäßigen Sportsitze Plus mit elektrischer Vier-Wege-Verstellung. Im Januar 2022 legte Porsche zum 50. Geburtstag von Porsche Design ein auf 750 Exemplare limitiertes Sondermodell des 911 Targa 4 GTS auf, die »Porsche 911 Edition 50 Jahre Porsche Design«.

Die schwarzen Leichtmetallräder mit Zentrealverschluss stammten vom 911 Turbo S.

911 Targa 4 GTS der »Porsche 911 Edition 50 Jahre Porsche Design«.

911 Carrera GTS und Carrera 4 GTS waren von Anfang an auch als Cabrio zu haben.

Beim 911 Targa 4 GTS waren auch die Targa-Bügel in Schwarz gehalten.

Die Motoren in den neuen GTS-Modellen leisteten 480 PS.

992

911 Turbo (S)

Im April 2020 präsentierte Porsche den neuen 911 Turbo S, erstarkt auf nunmehr 650 PS und mit einem maximalen Drehmoment von 800 Nm. Zu haben von Beginn an als Coupé und als Cabrio, war der Hochleistungssportwagen noch komfortabler, vor allem aber auch noch sicherer und fahrdynamisch optimiert worden. Besonders großes Augenmerk hatten die Ingenieure auf die Weiterentwicklung der adaptiven Aerodynamik gelegt, die jetzt je nach Geschwindigkeit und Fahrsituation Bug- und Heckspoiler ganz, teilweise und/oder in verschiedenen Stellungen ausfuhr und dabei sogar berücksichtigte, ob ein Schiebedach oder das Cabrioverdeck geöffnet oder geschlossen waren. Den 580 PS starken 911 Turbo schob Porsche im Juli des gleichen Jahres nach, ebenfalls als Coupé und als Cabrio. Beschleunigung, Leistung und Drehmoment (750 Nm) des neuen Turbos lagen damit auf dem Niveau des 911 Turbo S der vorangegangenen Generation. Zur umfangreichen Serienausstattung gehörten unter anderem vollelektrische 14-Wege-Sportsitze, Sport Chrono Paket, ein GT-Sportlenkrad mit Schalt-Paddles, Multifunktion und Mode-Schalter sowie ein BOSE®-Surround-Sound-System. Aber auch Möglichkeiten zur Individualisierung des Sportwagens durch das Ordern aufpreispflichtiger Extras gab es durchaus noch genug.

911 GT3

Ab Mai 2021 war dann auch der neue 911 GT3 zu haben, laut Porsche eine »fulminante Fahrmaschine, ... perfekt für die Rundstrecke und problemlos im Alltag«. Der 510 PS starke Vierliter-Boxer basierte auf dem in Langstreckenrennen erprobten Antrieb des 911 GT3 R und ermöglichte eine Höchstgeschwindigkeit von 318 km/h mit dem serienmäßigen PDK. (Mit der optionalen Sechsgang-Handschaltung ging es bis auf 320 km/h.) Dank entsprechender Leichtbaumaßnahmen lag das Gewicht des neuen GT3 trotz breiterer Karosserie, größerer Räder und zusätzlicher technischer Features mit 1418 (Schaltgetriebe) beziehungsweise 1435 kg (PDK) auf dem Niveau des Vorgängers. Schon einen Monat später, ab Juni 2021, bot Porsche den 911 GT3 auch mit dem schon vom Vorgänger bekannten Touring-Paket an. Der kam serienmäßig mit der Sechsgang-Handschaltung, während das Siebengang-PDK nur optional, aber ohne Aufpreis zu haben war. Deutlich dezenter im Auftritt, war der optisch markanteste Unterschied zwischen GT3 mit und ohne Touring-Paket das Fehlen des feststehenden Heckflügels beim Touring, das hier von einem automatisch ausfahrenden Heckspoiler kompensiert wurde.

Der überarbeitete 3,8-Liter-Boxer im neuen 911 Turbo leistete jetzt 580 PS.

»Fulminante Fahrmaschine«: Der neue 911 GT3, mit 510 PS ab Mai 2021 zu haben.

Mit Touring-Paket hieß beim 911 GT3 ohne feststehenden Heckflügel.

Vorgestellt im April 2020: Der neue 911 Turbo S der Generation 992.

Die adaptive Aerodynamik berücksichtigte jetzt sogar, ob das Verdeck geöffnet oder geschlossen war.

Der 911 Turbo der Generation 992 erschien erst ein paar Monate nach dem 911 Turbo S.

Angeboten von 1986 bis 1988: Der Supersportwagen 959.

Den Carrera GT brachte Porsche im Modelljahr 2004 auf den Markt.

Der offene Hochleistungssportler besaß als erstes Fahrzeug weltweit ein Keramik-Kupplung.

Ende 2013 erschien mit dem 918 Spyder ein weiterer Supersportler aus dem Hause Porsche.

SUPERSPORTWAGEN

959

Mit dem 959 hatte Porsche in den Modelljahren 1987 und 1988 einen Sportwagen der Superlative im Programm. Seine Karosserie war nicht nur besonders leicht und windschlüpfrig, sondern erzeugte auch selbst bei hoher Geschwindigkeit kaum Auftrieb. Das Fahrwerk verfügte über eine einstellbare und geschwindigkeitsabhängige Stoßdämpferregelung. Serienmäßig hatte der 959 eine Niveauregulierung an Bord, ein spezielles ABS steuerte im Bedarfsfall jedes Rad einzeln an. Der Sechszylinder-Boxer im Heck besaß wassergekühlte Zylinderköpfe und war mit zwei Turboladern bestückt, aus knapp 2,9 Litern Hubraum schöpfte er so 450 PS, die den allradgetriebenen Supersportwagen in nur 3,7 Sekunden auf Tempo 100 katapultierten und erst bei 315 km/h die weiße Fahne schwenkten. Als Technologieträger war der 420.000 Mark teure Wagen die Inkarnation des seinerzeit technisch Machbaren.

Carrera GT

Mit dem Carrera GT, der erstmals auf dem Pariser Autosalon im Jahr 2000 zu sehen war, präsentierte Porsche im Modelljahr 2004 einen offenen Hochleistungssportwagen, der den Charakter eines reinrassigen Rennfahrzeugs und größtmögliche Alltagstauglichkeit in sich vereinte. Sein V10-Saugmotor war direkt von einem für Le Mans konstruierten Aggregat abgeleitet worden und schöpfte aus 5,7 Litern Hubraum 612 PS sowie ein maximales Drehmoment von 590 Nm. Dank konsequenter Leichtbauweise erwuchsen daraus überragende Fahrleistungen. Der Carrera GT war das weltweit erste Fahrzeug, das serienmäßig mit einer Keramik-Kupplung (PCCC) ausgestattet war. Ebenfalls aus Keramik waren die Scheiben der weiterentwickelten Bremsanlage PCCB. Ohne Abstriche auf Dynamik ausgelegt war auch das Fahrwerk. Dennoch waren auch komfortable Extras wie Navi, Klima oder Soundanlage wie selbstverständlich mit an Bord.

918 Spyder

Mit dem 918 Spyder kamen im November 2013 die ersten Exemplare eines neuen Supersportwagens aus dem Hause Porsche zu den Kunden. Als Plug-in-Hybrid mit 4,6-Liter-V8 und zwei Elektromotoren kam der allradgetriebene Spyder auf eine Systemleistung von 887 PS, konnte bis zu 30 Kilometer rein elektrisch zurücklegen und verbrauchte im NEFZ-Mittel ganze 3,0 Liter Sprit. Dennoch hatte er als erstes Fahrzeug mit Straßenzulassung die Nordschleife in unter sieben Minuten umrundet. Ausgestattet mit allen erdenklichen Extras, zitierte der 918 Spyder im Design unter anderem den legendären 917, den RS Spyder und den Vorgänger Carrera GT. Mit dem 918 Spyder hatte Porsche erfolgreich versucht, einen rekordfähigen Sportwagen für Spitzenpiloten auf die Beine zu stellen, der sich gleichzeitig als unkompliziertes Alltagsfahrzeug erweisen sollte. Gar nicht alltäglich aber war der Preis für dieses Vergnügen: Über eine Dreiviertelmillionen Euro kostete der auf 918 Exemplare limitierte Supersportler.

Nicht billig, aber rekordfähig: Einmal Nordschleife in unter sieben Minuten.

Der Heckflügel war beim 959 vollständig in die Karosserie integriert.

Als Studie gab es den Boxster schon 1993.

Und so ging er 1996 dann in Serie: Überraschend alltagstauglich für einen Roadster.

Das Sondermodell »50 Jahre 550 Spyder« basierte auf dem Boxster S.

Der Boxster des Modelljahrs 2003 besaß in Wagenfarbe lackierte Querrippen in den Lufteinlässen im Bugteil.

BOXSTER (986)

Der Boxster S, der im Modelljahr 2000 auf der Bildfläche erschien, war mit 252 PS nochmals deutlich stärker als sein kleinerer Bruder.

Boxster (S)

Im August 1996 (also im Modelljahr 1997) brachte Porsche ein völlig neues Fahrzeug auf den Markt: Der Name »Boxster« für den Typ 986 war zusammengesetzt aus den Begriffen »Boxer« und »Roadster«, und der Mittelmotor des reinen Zweisitzers war denn auch als Sechszylinder-Boxer ein echtes Porsche-Aggregat, wenn auch wassergekühlt und mit 2,5 Litern Hubraum deutlich kleiner als in den Neunelfern. Die reichten aber für 204 PS und ein maximales Drehmoment von 245 Nm. Noch wichtiger aber war vielleicht, dass dem Boxster eine erstaunlich hohe Alltagstauglichkeit bescheinigt wurde und er als neues Einstiegsmodell denn auch so erfolgreich neue Käuferschichten erschloss, dass Porsche zusätzliche Fertigungskapazitäten in Finnland kaufen musste. Dass der Boxster mit dem ein Jahr später erschienenen 911 vom Typ 996 hier und da eine gewisse Ähnlichkeit aufwies, lag am kostensparenden Gleichteilekonzept: Immerhin fast 40 Prozent der Teile für die beiden völlig verschiedenen Fahrzeuge waren identisch.

Drei Jahre nach seiner Markteinführung war der Boxster für das Modelljahr 2000 deutlich aufgewertet worden: Der Hubraum des Sechszylinder-Boxers war auf 2,7 Liter angehoben worden, die Leistung auf 220 PS und das maximale Drehmoment auf 260 Nm gestiegen. Aber auch der Innenraum hatte eine wertigere Anmutung erhalten, nachdem Kunden das Interieur des Boxsters in den Jahren zuvor offensichtlich als nicht porscheadäquat kritisiert hatten. Dem erstarkten Boxster stellte Porsche im gleichen Modelljahr einen noch stärkeren Bruder zu Seite, den Boxster S. Äußerlich ließ sich dieser vom Basis-Boxster am zusätzlichen mittigen Lüftungsgitter vorn, an den mit serienmäßig 17 Zoll größeren Rädern und an den zwei runden Auspuff-Endrohren in der Mitte des Hecks unterscheiden. Der Motor des Boxster S war auf 3,2 Liter Hubraum vergrößert worden, die ausreichten, um aus ihnen eine Leistung von 252 PS zu schöpfen und ein maximales Drehmoment von 305 Nm.

Für das Modelljahr 2003 hatte Porsche dem Boxster ein neuerliches Facelift verpasst. Äußerlich erkennbar war der neue unter anderem an den seitlichen Lufteinlässen im Bugteil, deren Querrippen jetzt in Wagenfarbe lackiert waren, an einem neu gestalteten Heckspoiler, quarzfarbenen Streuscheiben über den Blinklichtern, einem neuen, ovalen Auspuffendrohr und an der gläsernen, beheizbaren Heckscheibe im Stoffverdeck. Die Motorleistung des neuen Boxster war auf 228 PS gestiegen, das maximale Drehmoment war mit 260 Nm gleich geblieben. Der Boxster S wies einen dritten Lufteinlass in der Mitte des Bugteils auf, am Heck ließ er sich gut am Doppel-Rundrohr, in das die Abgasanlage mündete, vom Basis-Modell unterscheiden. Der 3,2 Liter große Sechszylinder-Boxer des Boxster S leistete jetzt 260 PS, das maximale Drehmoment stieg auf 310 Nm. Den geringfügigen Leistungssteigerungen von Boxster und Boxster S entsprachen denn auch die lediglich marginal verbesserten Fahrleistungen.

Boxster S »50 Jahre 550 Spyder«

Im Frühjahr 2004 kam vom Boxster S das auf 1953 Exemplare limitierte Sondermodell »50 Jahre 550 Spyder« auf den Markt. In Würdigung des legendären Vorgängers aus dem Jahre 1953 war das Sondermodell ein wenig stärker als die Serienversion, ein wenig schneller, ein wenig breiter und ein wenig tiefer, es verfügte über größere Räder und über eine großzügigere Serienausstattung. Im Niveau gegenüber dem Serienmodell angehoben war allerdings auch der Preis, und zwar um über 9000 Euro. Äußerlich erkennbar war das Sondermodell zunächst an der speziellen silberfarbenen Metallic-Lackierung und dem Verdeck, das entweder – mit jeweils passender Innenausstattung – in einem »Cocoa« genannten dunklen Braunton oder in Schwarz erhältlich war. Die Abgasanlage mündete in einem speziell gestalteten Endrohr aus poliertem Edelstahl, die Bremssättel waren alufarben und die Felgensterne »sealgrau« lackiert.

Nicht zuletzt am speziell gestalteten Endrohr ließ sich das Sondermodell erkennen.

BOXSTER (987)

Boxster (S)

Am 27. November 2004 kam der neue Boxster des Typs 987 zu den Händlern. Die zweite Boxster-Generation unterstrich ihren Anspruch auf eine Spitzenstellung unter den Roadstern durch nochmals größere Räder und eine verbreiterte Spur. Die neue Front wies zwar gewisse Ähnlichkeiten mit dem 911 auf, war aber trotzdem als typisches Boxster-Gesicht auf Anhieb erkennbar. Neu war das Lichtkonzept mit der Trennung in Hauptscheinwerfer und Bugleuchte mit integriertem Nebelscheinwerfer. Die Leistung des im Hubraum unverändert gebliebenen 2,7-Liter-Boxers war auf 240 PS angehoben worden. Gleichzeitig mit dem Boxster kam auch der Boxster S vom Typ 987 auf den Markt. Äußerlich ließ er sich von diesem unter anderem wiederum am dritten Lufteinlass in der Bugmitte unterscheiden sowie am Doppelrohr-Auspuff, der mittig unter dem Heck hervorschaute.

Kurz nachdem Porsche im November 2005 Cayman und Cayman S auf den Markt gebracht hatte, hoben die Zuffenhausener die im Vergleich geringfügig geringere Leistung der Boxstermodelle auf das Niveau der Caymans an. Ab dem Modelljahr 2007 verfügte der Boxster dank der Ventilsteuerung VarioCam Plus bei gleichem Hubraum über 245 statt wie bisher über 240 PS, während beim Boxster S der Hubraum von 3,2 auf 3,4 Liter vergrößert wurde, aus denen der Sechszylinder nun 295 PS schöpfte. Die auf Wunsch für beide Boxster-Modelle erhältliche Fünfgang-Tiptronic S war ebenfalls weiterentwickelt worden, mit neuer Hydraulik und Elektronik verfügte sie jetzt – vor allem im Zusammenspiel mit dem weiterhin optional erhältlichen Sport-Chrono-Paket – über eine noch sportlichere Charakteristik. Ins Modelljahr 2007 fiel die Produktion des 200.000sten Boxsters, er lief im November 2006 bei Valmet in Finnland vom Band.

Im Februar 2009 präsentierte Porsche grundlegend überarbeite Modelle der Mittelmotor-Roadster Boxster und Boxster S des Typs 987. Wichtigstes Unterscheidungsmerkmal gegenüber den Vorgängermodellen waren die völlig neu entwickelten Boxermotoren, hubraumstärker, leistungsfähiger und gleichzeitig sparsamer. Beide Modelle waren auf Wunsch jetzt erstmals auch mit dem neuen Porsche-Doppelkupplungsgetriebe erhältlich, das die Tiptronic S ablöste und noch einmal zusätzliche Verbesserungen bei Fahrleistungen und Verbrauch versprach. Das Fahrwerk versprach dank optimierter Abstimmung noch mehr Dynamik bei verbessertem Komfort. Neu geformte Bug- und Heckteile, neue Hauptscheinwerfer und neue LED-Rücklichter sowie horizontal angeordnete LED-Positionsleuchten in den äußeren Lufteinlässen waren optische Erkennungsmerkmale der modellgepflegten Fahrzeuge.

Ende 2004 erschien die zweite Generation des Mittelmotor-Roadsters, der Boxster Typ 987.

Auch an den LED-Positionsleuchten in den Lufteinlässen waren Boxster und Boxster S des Modelljahrs 2009 zu erkennen.

2009 erhielten Boxster und Boxster S völlig neue, noch leistungsstärkere Motoren.

Der neue Boxster S erschien gleichzeitig mit dem Basis-Boxster.

2006 wurde die Leistung des Boxsters um 5 auf 245 PS angehoben und damit an die des Cayman angeglichen.

Beim Boxster S wurde 2006 der Hubraum auf 3,4 Liter vergrößert, die Leistung stieg auf 295 PS.

Im RS 60 Spyder leistete der Motor des Boxster S 303 PS.

Das 2008 erschienene Sondermodell Boxster RS 60 Spyder erinnerte an die Porsche-Rennsport-Ära der 60er-Jahre.

Innenausstattung und Verdeck waren in Rot/Rot gehalten, konnten auf Wunsch aber auch in Dunkelgrau/Schwarz geliefert werden.

Graue Längsstreifen zogen sich über die gesamte Karosserie der Design-Edition.

Boxster S »RS 60 Spyder«

Als Reverenz an einen Klassiker und in Erinnerung an die Porsche-Rennsport-Ära der 60er-Jahre kam im März 2008 der Boxster S RS 60 Spyder zu den Händlern. Mit dem 718 RS 60 Spyder hatte Porsche 1960 beim 12-Stunden-Rennen in Sebring erstmals einen Gesamtsieg in einem wichtigen Langstreckenrennen einfahren können. Das gemäß der Jahreszahl auf 1960 Exemplare limitierte Sondermodell unterschied sich vom Boxster S deutlich durch das serienmäßig verwendete Bugteil aus dem Sport-Design-Paket. Der 303 PS starke Roadster war in GT-Silbermetallic lackiert, einen deutlichen Farbkontrast dazu boten die Innenausstattung in Carrerarot und das rote Verdeck. Wer es dezenter liebte, konnte das Sondermodell allerdings auch mit dunkelgrauem Leder und einem schwarzen Verdeck bekommen. Das serienmäßige PASM sorgte für einen ebenso sportlich-dynamischen wie langstreckentauglich-komfortablen Fahrgenuss.

Boxster S »Porsche Design Edition 2«

In strahlendem Carraraweiß präsentierte sich Anfang September 2008 das auf 500 Exemplare limitierte Sondermodell Boxster S Porsche Design Edition 2. Ebenso weiß waren auch die Felgensterne der serienmäßigen 19-Zoll-Sport-Design-Räder, die seitlichen Lufteinlässe, die Mittelkonsole sowie die Zifferblätter der drei Rundinstrumente. Und natürlich das Zifferblatt des speziell als Accessoire für den Design-Boxster entworfenen Edition-2-Chronographen, der serienmäßig mitgeliefert wurde, um das Handgelenk des stolzen Besitzers zu schmücken. Kontrastreiche Akzente setzten in all dem Weiß die grauen Längsstreifen, die roten Rückleuchten, das steingraue Verdeck und die schwarze Lederausstattung. Der mittels optimierter Abgasführung und einer Sportabgasanlage leistungsgesteigerte 3,4-Liter-Sechszylinder des Design-Boxsters lieferte wie im Spyder 303 PS, acht PS mehr als der in der S-Version.

Strahlend weiß bis hin zu den Felgen: Boxster S in der Porsche Design Edition 2.

Schwarze Innenausstattung mit ebenfalls weißen Akzenten, beispielweise in Form der Zifferblätter in den Rundinstrumenten.

BOXSTER (987)

Boxster Spyder

Im Februar 2010 kam mit dem Boxster Spyder das seinerzeit leichteste Modell der gesamten Porsche-Palette auf den Markt. Der puristische Mittelmotor-Roadster sollte als dritte Variante neben Boxster und Boxster S in besonderem Maße porschetypische Prinzipien des Sportwagenbaus verkörpern: leicht, stark, konsequent offen und dabei höchst effizient, stand er ganz in der Tradition so erfolgreicher Typen wie dem 550 Spyder oder dem seinerzeit im Motorsport erfolgreichen RS Spyder. In erster Linie fürs Offenfahren entwickelt, ließ sich der Spyder auf den ersten Blick an den beiden markanten Hutzen auf dem Heckdeckel klar von den anderen Boxster-Modellen unterscheiden, und sein leichtes Stoffverdeck diente lediglich als Sonnen- und Wetterschutz. Deutlich leichter und mit einem tieferen Schwerpunkt als ein Boxster S, verfügte der Spyder über ein komplett neues Sportfahrwerk; sein 3,4-Liter-Motor leistete mit 320 noch einmal 10 PS mehr als der des Boxster S.

Im (schwarzen) Innenraum fand sich auf dem Handschuhfach eine Plakette mit der Seriennummer des Fahrzeugs.

Boxster S »Black Edition«

Selbstredend ganz in Schwarz kam nach dem 911 Black Edition im März 2011 auch das Sondermodell Boxster S Black Edition auf den Markt. Schwarz war die Lackierung, schwarz war das Interieur (bis hin zu den Zifferblättern der Instrumente), schwarz war das Stoffdach, auf dem seitlich angebracht der Schriftzug »Black Edition« prangte, und schwarz war selbst die auf der Karosserie angebrachte Modellbezeichnung. Das Sondermodell war auf 987 Exemplare limitiert, es war mit dem 320 PS starken Motor aus dem Cayman S bestückt und verfügte serienmäßig unter anderem über Bi-Xenon-Scheinwerfer mit dynamischem Kurvenlicht, LED-Tagfahrlicht und ein Windschott. Ohne Aufpreis mit an Bord waren darüber hinaus noch so angenehme Dinge wie eine Klimaautomatik, das PCM mit Navigationsfunktion oder das Sound Package Plus. Von der Sonderstellung des Modells zeugte ferner eine Plakette mit der fortlaufenden Seriennummer, die auf dem Handschuhfachdeckel angebracht war.

Der Spyder verfügte lediglich über ein von Hand zu bedienendes Stoffverdeck, das nur als Sonnen- und Wetterschutz dienen sollte.

Durch die Hutzen auf dem Heckdeckel war der Spyder auf den ersten Blick als solcher erkennbar.

Leicht, stark, offen und höchst effizient: Im Frühjahr 2010 kam der Boxster Spyder auf den Markt.

Der Motor in der Black Edition leistete wie im Spyder 320 PS.

Schwarz wie die Nacht: Boxster S von 2011 in der Black Edition.

Im April 2012 neu auf dem Markt: Porsche Boxster der Generation 981 mit 265 PS.

Aus 3,4 Litern Hubraum schöpfte der Boxster S 315 PS.

2015 löste der Boxster Spyder der Generation 981 den GTS als Spitzenmodell der Boxster-Baureihe ab.

BOXSTER (981)

2014 gab es mit dem Boxster GTS ein neues Spitzenmodell der Baureihe.

Der 3,4-Liter-Boxer im GTS war leistungsgesteigert und lieferte 330 PS.

Boxster (S)

»Leichter und sparsamer, schneller und agiler«, so kündigte Porsche die neue Boxster-Generation des Typs 981 an, die im April 2012 auf den Markt kam. Dass diese Ankündigung keine leeren Versprechungen enthielt, dafür sorgten nicht zuletzt eine komplett neue Leichtbau-Karosserie und ein vollständig überarbeitetes Fahrwerk, mit denen die jüngste Generation des Boxsters neue Bestwerte markierte. Das deutlich niedrigere Gewicht, ein längerer Radstand, eine breitere Spur und größere Räder steigerten die ohnehin schon klassenbeste Fahrdynamik des Sportwagens nochmals deutlich. Die neuen Sechszylinder-Motoren verfügten über eine Benzin-Direkteinspritzung und brachten – natürlich – ein neuerliches Leistungsplus mit sich. Im Gesamtpaket ergab das nicht nur gesteigerte Fahrleistungen, sondern auch einen um bis zu 15 Prozent geringeren Spritverbrauch. Mit dem PDK sollten so sogar Verbräuche von weniger als acht Litern auf 100 km möglich sein.

Boxster GTS

»GTS« steht bei Porsche für »Gran Turismo Sport«, und damit verbindet sich seit dem legendären 904 Carrera GTS von 1963 außergewöhnliche Performance. Diesem Anspruch sollte auch der Boxster GTS genügen, der im Mai 2014 auf den Markt kam. Als betont sportliches Spitzenmodell der Boxster-Familie kam der GTS mit leistungsgesteigertem 3,4-Liter-Motor aus dem Boxster S, PASM-Fahrwerk und Sport-Chrono-Paket waren serienmäßig an Bord. Damit konnte der Fahrer auf Knopfdruck zwischen progressiver Sportlichkeit und langstreckentauglichem Komfort wechseln. Ein eigenständiges Bugteil und ein modifiziertes Heck, geschwärzte Bi-Xenon-Scheinwerfer – serienmäßig mit Porsche Dynamik Light System (PDLS) – und die äußeren Schriftzüge in Schwarz kennzeichneten das neue Top-Modell. Im Innenraum gab es serienmäßig Sportsitze und eine mit Alcantara®-Bestandteilen veredelte Lederausstattung.

Boxster Spyder

Zu Beginn der Cabrio-Saison 2015 präsentierte Porsche mit dem Boxster Spyder ein neues Spitzenmodell der Boxster-Reihe. Leicht, stark, schnell und mit überragender Fahrdynamik rollte der puristische, konsequent auf Leichtbau getrimmte Sportwagen mit einem straffen Sportfahrwerk mit 20 Millimetern Tieferlegung, Bremsen aus dem 911 Carrera, einer direkteren Lenkung und einem 3,8 Liter großen Sechszylindermotor mit 375 PS vom Band. Zu haben war der Spyder ausschließlich mit Handschaltung, und von Hand musste auch das – laut Porsche immerhin alltagstaugliche – Stoffverdeck betätigt werden. Mit anderen Boxster-Modellen verwechseln konnte man den Spyder kaum: Zwei sogenannte »Streamliner«, die sich hinter den Kopfstützen über die lange Heckklappe zogen, sowie die nach hinten gespannten Finnen des Verdecks gaben ihm ein nahezu unverwechselbares Äußeres.

Puristisch, aber leicht, stark und schnell: 375 PS reichten dem Spyder für eine Höchstgeschwindigkeit von 290 km/h.

718 BOXSTER (982)

718 Boxster (S)

Wie zuvor schon die Neunelfer erhielten auch die Boxster-Modelle der im April 2016 erschienenen neuen Generation 982 Turbo-Motoren. Allerdings mussten sich Boxster und Boxster S fürderhin mit vier Zylindern begnügen, zwei weniger als bei ihren Vorgängern mit Saugmotoren, und auch der Hubraum war mit 2 beziehungsweise 2,5 Litern deutlich kleiner geworden. Selbstredend waren die neuen dennoch leistungsstärker (Boxster: 300 PS; Boxster S: 350 PS) und zugleich effizienter. Mit ihnen sah sich Porsche in der Tradition der Vierzylinder-Boxermotoren der in den 50er- und 60er-Jahren so erfolgreichen 718-Mittelmotor-Sportwagen und änderte denn auch gleich die Modellbezeichnungen von Boxster (S) in 718 Boxster (S). Außer über die neu entwickelten Motoren verfügten die 718er auch über eine komplett neue Fahrwerksabstimmung und verstärkte Bremsen. Auf den ersten Blick zu erkennen waren die neuen unter anderem an den größeren Kühllufteinlässen in der Front und dem neu gestalteten Heck mit der markanten Akzentleiste zwischen den Rückleuchten.

Mit dem Auftritt der neuen Generation 982 im Frühjahr 2016 änderte sich auch der Name: Die neuen Boxster hießen jetzt 718 Boxster.

718 Boxster GTS

Im Dezember 2017 kam der 718 Boxster GTS in den Handel, der mit 365 PS um 15 PS über der Leistung des Boxster S lag. Zu verdanken war die Extra-Power des 2,5-Liter-Aggregats einem neu entwickelten Ansaugtrakt sowie einem optimierten Turbolader. Zu haben war der Mittelmotorsportler mit manuellem Sechsgang- oder dem Porsche Doppelkupplungsgetriebe (PDK). Porsche Torque Vectoring (PTV) inklusive mechanischer Hinterachsquersperre und das Sport-Chrono-Paket waren beim GTS serienmäßig an Bord, ebenso das Porsche Active Suspension Management (PASM), das die Karosserie um zehn Millimeter tieferlegte. In Verbindung mit dem PDK und dem Sport-Chrono-Paket sprinteten die GTS-Modelle in 4,1 Sekunden von null auf 100 km/h, die Spitzengeschwindigkeit lag bei 290 km/h. Optisch unterschieden sich die GTS-Modelle von den anderen Boxstern unter anderem durch die neue Sport-Design-Bugverkleidung an der Front oder die mittig angeordneten schwarzen Sportendrohre am Heck. Schwarze GTS-Schriftzüge an den Türsockeln und schwarze 20-Zoll-Räder machten den GTS auch in der Seitenansicht unverwechselbar.

Markantes Erkennungsmerkmal der neuen Generation: Die Akzentleiste zwischen den Rückleuchten,

Ende 2017 erschien der 718 Boxster GTS, das neue Spitzenmodell der 718-Boxster-Reihe.

Im Hubraum deutlich verkleinert, waren die Motoren der neuen Generation dank Turbo-Aufladung dennoch deutlich stärker als die ihrer Vorgänger.

Für den GTS konnten die Ingenieure aus den Tiefen der vier Zylinder noch 15 weitere Pferdchen hervorlocken.

Den 718 Boxster S machten seine 350 PS bis zu 285 km/h schnell.

Die beiden »Streamliner« genannten Hutzen auf dem Heckdeckel waren dem Spyder geblieben.

»T« wie Touring wie Purismus wie Fahrspaß: 718 Boxster T von 2019.

Unter den Zweiliter-Boxstern gab es nur den T mit PASM-Sportfahrwerk und 20 mm Tieferlegung.

718 BOXSTER (982)

Mit 420 PS neuer Platzhirsch unter den Boxstern: 718 Spyder der Generation 982.

Mit Kapuze wirkte der 718 Spyder fast noch schnittiger.

718 Boxster T

Zum Jahreswechsel 2018/2019 präsentierte Porsche mit dem 718 Boxster T eine besonders puristisch ausgestattete Fahrmaschine. Das »T« steht bei Porsche traditionell für Touring und wird dort als gleichbedeutend mit »Fahrvergnügen in seiner reinsten Form« verstanden. Um das zu erreichen, spendierten die Zuffenhausener dem T, der auf dem Basis-Boxster aufbaute, nicht nur 20-Zoll-Räder, sondern auch einige Extras, die sonst für die Zweiliter-Boxster gar nicht angeboten wurden, so zum Beispiel PASM-Sportfahrwerk mit 20 mm Tieferlegung, verkürzter Schalthebel mit rotem Schaltschema und Sport-Chrono-Paket. Regulär wurde der Boxster T mit Sechsgang-Schaltgetriebe und Porsche Torque Vectoring (PTV) inklusive mechanischer Hinterachsquersperre ausgeliefert, optional war aber auch das Porsche-Doppelkupplungsgetriebe (PDK) erhältlich. Im Innenraum wiesen unter anderem Öffnerschlaufen statt der Griffe in den Türtafeln oder das anstelle des Porsche Communication Management-Moduls (PCM) zu findende große Ablagefach auf die Reduktion auf das Wesentliche hin. Zählte letzteres allerdings für einen Kunden dann doch auch zum Wesentlichen, konnte er das Entertainment-System ohne Mehrkosten dazu ordern.

718 Spyder

Mitte 2019 löste der 718 Spyder den GTS als Topmodell der Boxster-Baureihe ab, auch wenn das Kofferwort »Boxster« gar nicht mehr zur Modellbezeichnung gehörte. Stolze 420 PS aus dem neu entwickelten Vierliter-Sauger mit sechs Zylindern waren eine deutliche Ansage, immerhin 45 mehr als im Spyder der vorigen Generation. Das reichte für eine Beschleunigung von Null auf 100 km/h in 4,4 Sekunden, Schluss war mit der Sechsgang-Handschaltung erst bei 301 km/h (mit dem allerdings erst ab Herbst 2020 angebotenen PDK bei 300). Der 718 Spyder war der erste Boxster, der über die gleiche technische Basis wie der Cayman GT4 verfügte. In erster Linie hieß das, dass er auf einem vollwertigen GT-Fahrwerk stand, mit dem sich auf der Landstraße hervorragend Kurven räubern ließen. Eine Hochleistungs-Bremsanlage lieferte die dazu passenden Verzögerungswerte, optional war auch die Porsche-Keramikbremse für den Spyder zu haben. Die »puristische Fahrspaßmaschine« (O-Ton Porsche) verfügte über ein Leichtbauverdeck, das nicht nur alltags-, sondern auch hochgeschwindigkeitstauglich war und sich mit wenigen Handgriffen unter dem Heckdeckel verstauen ließ.

So geht Purismus edel: Rote Öffnerschlaufen für die Türen im 718 Boxster T.

718 BOXSTER (982)

718 Boxster GTS 4.0

Im Frühjahr 2020 brachte Porsche den 718 Boxster GTS 4.0 auf den Markt, bestückt mit dem gleichen Vierliter-Sechszylinder-Saugmotor, der auch im 718 Spyder Dienst tat und im GTS 4.0 400 PS produzierte. Dass die Leistungsentfaltung mit einer erfreulichen Effizienz einherging, dafür sorgten unter anderem eine adaptive Zylindersteuerung, die bei geringer Lastabfrage abwechselnd eine der beiden Zylinderbänke abschaltete, die Benzindirekteinspritzung und eine variable Sauganlage. Das Sportfahrwerk PASM inklusive Tieferlegung um 20 (wahlweise 10) Millimeter, Porsche Torque Vectoring (PTV) mit mechanischer Hinterachs-Quersperre und Sport-Chrono-Paket waren serienmäßig an Bord und unterstrichen den sportlich-dynamischen Anspruch des GTS 4.0, der auf seidenglanzschwarzen 20-Zoll-Rädern stand. Im Innenraum setzten schwarz abgesetzte Designelemente und eine dunkle Alcantara®-Ausstattung GTS-typische Akzente. Ab September 2020 war der GTS 4.0 dann auch mit dem Siebengang-Doppelkupplungsgetriebe PDK bestellbar, zuvor war er ausschließlich als Handschalter mit sechs Gängen lieferbar gewesen.

718 Boxster »25 Jahre«

1966 war der erste Boxster aus der Serienproduktion vom Band gerollt, 25 Jahre später feierte Porsche dieses Jubiläum mit einem auf 1250 Exemplare limitierten Sondermodell, dem Boxster »25 Jahre.« Der basierte auf dem 400 PS starken Boxster GTS und wies zahlreiche Designmerkmale auf, die schon die Boxster-Studie geprägt hatten, die 1993 in Detroit der Weltöffentlichkeit präsentiert worden war. Dazu zählte vor allem eine neu interpretierte Farbe namens »Neodyme«, ein kupferartig schimmerndes Braun, das am Sondermodell an der Frontschürze, den seitlichen Lufteinlässen sowie bei den Schriftzügen und den zweifarbigen 20-Zoll-Leichtmetallrädern zum Einsatz kam. Ebenfalls in Anlehnung an das historische Original kombinierte das Sondermodell eine bordeauxrote Leder-Innenausstattung mit einem roten Stoffverdeck, das den geprägten Schriftzug »Boxster 25« trug. (Alternativ war beides aber auch in Schwarz erhältlich.) Zur erweiterten Serienausstattung des Sondermodells gehörten unter anderem das Interieur-Paket Aluminium, 14-fach elektrisch verstellbare Sportsitze, Einstiegsleisten mit »Boxster 25«-Schriftzug und ein beheizbares GT-Multifunktions-Sportlederlenkrad.

Spezielle Farbgebung: Unter anderem seitliche Lufteinlässe und Felgen waren in »Neodyme« lackiert.

Mit 400 PS lag die Leistung des GTS 4.0 um 20 PS unter der des 718 Spyder.

Der Boxster GTS 4.0 stand auf 20-Zöllern mit schwarzen Felgen.

Ab Frühjahr 2020 auf dem Markt: 718 Boxster GTS 4.0.

Zum 25-jährigen Boxster-Jubiläum präsentierte Porsche ein exklusives Sondermodell, den Boxster »25 Jahre«.

Innenausstattung und Stoffverdeck in Rot erinnerten an die Boxster-Studie von 1993.

Der 245 PS starke Cayman kam erst ein halbes Jahr nach dem S-Modell auf den Markt.

Unter der Heckklappe der Caymans verbarg sich wie unter der Fronthaube ein Kofferraum.

CAYMAN (987C)

Ende 2005 sollte der Cayman S die Lücke zwischen Boxster und 911 schließen.

2009 kamen Cayman (hier im Bild) und Cayman S mit komplett neu entwickelten Motoren.

Cayman (S)

Eine Lücke im Modellprogramm hatte Porsche zwischen Boxster und 911 ausgemacht, und genau in diese Lücke zielte der Cayman S, der Ende November 2005 auf den Markt kam und damit den Vorreiter spielte für den Basis-Cayman, der erst ein gutes halbes Jahr später erhältlich war. Eindeutige Erkennungsmerkmale beider Modellvarianten waren beispielsweise die in die Lamellen der äußeren Lufteinlässe integrierten Nebelscheinwerfer sowie das Heck mit seinen unverwechselbaren, markanten Kotflügeln und der Heckklappe, unter der sich ein zweiter, 260 Liter großer Kofferraum verbarg. Wie im Boxster, auf dem er auch basierte, gab es vorn im Cayman bereits 150 Liter Stauraum. Unterscheiden ließ sich der Cayman vom Cayman S unter anderem an den mit serienmäßig 17 Zoll kleineren Rädern mit fünf Doppelspeichen sowie dem einzelnen Auspuff-Endrohr.

Ab Februar 2009 waren die Mittelmotor-Sportwagen Cayman und Cayman S einer Modellpflege unterzogen. Beide verfügten jetzt über einen jeweils komplett neu entwickelten Motor, leistungsfähiger und gleichzeitig sparsamer als der ihrer Vorgängermodelle. Der Hubraum des Cayman war auf 2,9 Liter angehoben worden, denen 265 PS entsprangen, der nach wie vor 3,4 Liter große Boxer des Cayman S leistete jetzt 320 PS. Weitere Verbesserungen bei Fahrleistungen und Verbrauch ließen sich mit dem optional erhältlichen Porsche-Doppelkupplungsgetriebe erzielen, mit dem beispielsweise der Verbrauch des Cayman erstmals unter die Neun-Liter-Marke gedrückt werden konnte. Der 3,4 Liter große Motor des Cayman S verfügte zudem über eine Benzin-Direkteinspritzung, was zusammen mit dem PDK für einen mit 9,2 Litern im Vergleich zum Vorgängermodell um 16 Prozent geringeren Verbrauch sorgte. Äußerlich erkennbar waren die modellgepflegten Varianten unter anderem an den neuen Scheinwerfern mit integrierten Blinkleuchten und den LED-Positionsleuchten, auch die LED-Rücklichter waren neu.

Die Leistung war im Cayman um 20, im Cayman S (hier abgebildet) um 25 PS gestiegen.

Der 3,4-Liter-Boxer im Cayman S leistete 295 PS.

CAYMAN (987C)

Cayman S Porsche Design Edition 1

In einer auf 777 Exemplare limitierten Sonderserie brachte Porsche im November 2007 den Cayman S Porsche Design Edition 1 auf den Markt. Den Design-Cayman gab es nur in Schwarz, was die puristische Formensprache des Sportwagens noch stärker betonen und gleichzeitig eine Brücke schlagen sollte zu dem berühmten, 35 Jahre zuvor von Ferdinand Alexander Porsche entworfenen Chronographen 1. Die Farbe Schwarz dominierte auch das Interieur: Schwarze Leder- und Alcantara®-Ausstattung, und die Zifferblätter der Instrumente im Layout eben diesem berühmten Chronographen nachempfunden. Exklusivität aber auch in technischen Details: Zehn Millimeter tiefergelegtes PASM-Fahrwerk, Fünf-Millimeter-Distanzscheiben und 19-Zoll-Turbo-Räder waren serienmäßig. Ebenso serienmäßig als Dreingabe: Ein eleganter Aktenkoffer mit Chronograph, Taschenmesser, Sonnenbrille, Schreibstift und Schlüsselanhänger – alles in Schwarz, versteht sich.

Die Design-Edition stand auf 19-Zöllern, das Sportfahrwerk war zehn Millimeter tiefergelegt.

Cayman S Sport

Nachdem die vorangegangenen Sondermodelle Cayman S Porsche Design Edition 1 und Boxster RS 60 Spyder auf erfreulich rege Nachfrage gestoßen und mittlerweile ausverkauft waren, bot Porsche ab September 2008 mit dem Cayman S Sport ein neues, diesmal auf 700 Exemplare limitiertes Sondermodell an. Es verfügte über eine gegenüber dem Cayman S nochmals leicht gesteigerte Motorleistung von 303 PS und kam im GT3-Look daher: Serienmäßig in den GT3-Farben Orange und Grün erhältlich, war es mit schwarzen 19-Zoll-Sport-Design-Rädern, schwarzen Außenspiegeln und schwarzen Lufteinlassgittern bestückt. PASM, ein um zehn Millimeter tiefergelegtes Fahrwerk und die Fünf-Millimeter-Distanzscheiben hinter den 19-Zöllern sorgten für noch mehr Fahrdynamik, Bi-Xenon-Scheinwerfer, Sport-Chrono-Paket und Sportsitze waren weitere serienmäßige Ausstattungsdetails mit durchaus exklusivem Charakter.

Sportliche Anmutung mit einem Hauch von Exklusivität im Innern des Cayman S Sport.

Die Innenausstattung? Schwarz. Bis hin zu den Zifferblättern der Cockpit-Instrumente.

Das ab September 2008 angebotene Sondermodell trug einen unverkennbaren GT3-Look.

Für den Cayman S Sport hatten die Ingenieure acht zusätzliche PS aus dem S-Motor gekitzelt.

Den Cayman S Porsche Design Edition 1 gab es nur in Schwarz.

Neues Spitzenmodell unter den Caymans ab 2011: Der Cayman R.

Deutlich abgespeckt und um zehn PS gegenüber dem Cayman S erstarkt, stand beim R die Sportlichkeit im Vordergrund.

In der Black Edition war die Leistung auch des Cayman S auf 330 PS angehoben worden.

CAYMAN (987C)

Farbliche Akzente im Innenraum des Cayman R.

Cayman R

Im Februar 2011 erschien mit dem Cayman R ein neues Spitzenmodell der Baureihe. Wichtigstes Ziel der Porsche-Ingenieure bei dessen Entwicklung war es gewesen, den Zweisitzer durch konsequente Gewichtseinsparung nochmals in seiner Performance, Fahrdynamik und Agilität zu verbessern. Der konsequente Einsatz von Leichtbaukomponenten und der Verzicht auf die ein oder andere Komfortausstattung brachten schließlich ein Minus von 55 Kilogramm gegenüber dem Cayman S. Hinzu kamen eine nochmalige Leistungssteigerung um zehn PS und ein speziell abgestimmtes, gegenüber dem S um 20 mm tiefer gelegtes Sportfahrwerk. In der Summe berechtigten diese Maßnahmen den Neuen, die Zusatzbezeichnung »R« im Namen zu führen, die immerhin auf den nur 19 Mal zu Rennzwecken gebauten 911 R von 1967 zurückging. Äußerliche Erkennungsmerkmale waren vor allem der seitliche »Porsche«-Schriftzug und der feststehende Heckspoiler.

Cayman S Black Edition

Einmal mehr war ab Juli 2011 ein limitiertes Sondermodell des Cayman S erhältlich: In der Leistung um 10 auf 330 PS (und damit auf das Niveau des Cayman R) angehoben, sorgten unter anderem die 19 Zoll großen Räder des Boxster Spyder, die nicht nur einen Zoll größer, sondern auch einen halben Zoll breiter waren als die des Cayman S, für noch mehr längs- und querdynamische Reserven. Dazu kam der Cayman S in der Black Edition mit besonders umfangreicher Serienausstattung auf den Markt. So zählten Bi-Xenon-Scheinwerfer mit dynamischem Kurvenlicht und LED-Tagfahrlicht ebenso zur Grundausstattung wie automatisch abblendende Innen- und Außenspiegel mit integriertem Regensensor. Fahrer und Beifahrer saßen auf schwarzen Teilledersitzen mit Porsche-Wappen auf den Kopfstützen, Klimaautomatik und Sport-Design-Lenkrad waren weitere Ausstattungsdetails, die sich ab Werk an Bord befanden.

Eine Plakette auf dem Handschuhfachdeckel dokumentierte die Exklusivität des Sondermodells.

Das limitierte Sondermodell Cayman S Black Edition besaß eine besonders umfangreiche Serienausstattung.

CAYMAN (981C)

Cayman (S)

Flacher und gestreckter, leichter und schneller, effizienter und stärker als ihre Vorgänger rollte im März 2013 die neue Cayman-Generation des Typs 981 zu den Händlern. Je nach Modell waren die Zweisitzer-Coupés um bis zu 30 kg leichter geworden und brauchten bis zu 15 Prozent weniger Sprit, und das natürlich, wie bei Porsche üblich, bei gleichzeitig gestiegenen Motor- und Fahrleistungen. Im Cayman arbeitete jetzt wieder ein 2,7-Liter-Boxer (275 PS), der Cayman S verfügte nach wie vor über einen 3,4-Liter (325 PS), beide kamen ab Werk mit manuellem Sechsganggetriebe, die Siebengang-PDK war optional erhältlich und brachte bessere Beschleunigungswerte bei nochmals geringerem Verbrauch. Ein verlängerter Radstand und größere Räder signalisierten gesteigerte Fahrdynamik, äußerlich erkennbar waren die neuen vor allem am markanten Einzug in der Tür, der den Weg zum Lufteinlass vor dem hinteren Kotflügel frei machte. Ab Oktober 2015 war das Basismodell auch in einer Sonderserie als Cayman Black Edition mit gehobener Ausstattung zu haben.

Im Cayman der Generation 981 werkelte jetzt wieder ein 2,7-Liter-Boxer, der 275 PS leistete.

Cayman GTS

Der Cayman GTS, der im Mai 2014 auf den Markt kam, trat als neues Spitzenmodell der Baureihe die Nachfolge des Cayman R an. Ein gegenüber dem Cayman S nochmals leistungsgesteigerter Motor (340 PS) und das speziell abgestimmte PASM-Sportfahrwerk untermauerten den sportlichen Charakter, den auch die neue Bezeichnung »GTS« (Gran Turismo Sport) signalisieren sollte, die auf den 904 Carrera GTS von 1963 zurückging. Auch die Ausstattung konnte sich sehen lassen, Sportsitze und eine mit Alcantara®-Bestandteilen aufgewertete Lederausstattung waren serienmäßig an Bord. Neben den mattschwarzen GTS-Schriftzügen an den Flanken und am Heck war der Spitzensportler äußerlich unter anderem am eigenständigen Bugteil, einem modifizierten Heck und den geschwärzten Bi-Xenon-Scheinwerfern erkennbar, die serienmäßig vom Porsche Dynamic Light System reguliert wurden. Zertifiziert nach Euro 6, gab Porsche den Verbrauch des Cayman GTS mit 9,0 (Schaltgetriebe) beziehungsweise 8,2 Litern (PDK) an.

Bestückt mit vielen Komponenten des 911 GT3 besaß der Cayman GTS einen radikal sportlichen Charakter.

Cayman GT4

Nicht zuletzt auch als klares Bekenntnis zu Coupés mit radikal sportlichem Charakter erschien im März 2015 der Cayman GT4 bei den Porsche-Händlern. Gespickt mit Komponenten des 911 GT3, waren Motor und Fahrwerk, Bremsen und Aerodynamik des GT-Sportwagens konsequent auf maximale Fahrdynamik ausgelegt. Dennoch, so betonte man in Zuffenhausen, habe sich auch der GT4 die Vielseitigkeit und Alltagstauglichkeit der Baureihe bewahrt. Der Motor des Sportcoupés war von dem aus dem 911 Carrera S abgeleitet und leistete 385 PS. Das Fahrwerk des ausschließlich mit manuellem Sechsgang-Getriebe erhältlichen Zweisitzers bestand nahezu komplett aus Komponenten des 911 GT3, die Karosserie des GT4 war um 30 mm tiefer gelegt. Von den anderen Cayman-Modellen unterschied sich der GT4 unter anderem durch seine drei markanten Eintrittsöffnungen im Bug sowie den feststehenden Heckflügel. Beide gehörten zu einem umfassenden Aerodynamikpaket, das konsequent auf Abtrieb an beiden Achsen ausgelegt war.

2014 löste der Cayman GTS den Cayman R als Spitzenmodell der Baureihe ab.

Flacher und gestreckter als die Vorgänger: Cayman S der Generation 981.

Der Cayman S verfügte jetzt über 325 PS, zudem waren die Sportler der neuen Generation um bis zu 30 kg leichter geworden.

2015 erschien der Cayman auch in einer Black Edition.

Mit 365 PS war der 718 Cayman GTS nur wenig stärker als das S-Modell.

Neu gestaltete Bi-Xenon-Scheinwerfer mit LED-Tagfahrlicht, hier im 718 Cayman S.

Im 718 Cayman S besaß der Vierzylinder-Turbo 2,5 Liter Hubraum, gut für 325 PS.

718 CAYMAN (982)

Anders als beim 718 Cayman S waren die mittig angeordneten Sportendrohre beim GTS schwarz.

718 Cayman (S)

Der Cayman, bis dahin in puncto Leistung (und Preis) zwischen Boxster und 911 angesiedelt, rückte mit seiner Markteinführung als 718 Cayman im September 2016 deutlich näher an den Boxster heran: Nicht nur trug er die gleiche Ziffernfolge im Namen wie der bereits im April erschienene 718 Boxster, es waren Coupé und Roadster fürderhin auch mit den gleichen (Turbo)Motoren bestückt und damit gleich stark. Und preislich lag der Cayman nun sogar unter dem Boxster – eigentlich völlig normal, ein 911er Cabrio war ja auch schon immer teurer gewesen als das Coupé. Auch im Design zeigten sich die neuen nochmals geschärft, der Bug wies deutlich größere Kühllufteinlässe und neu gestaltete Bi-Xenon-Scheinwerfer mit LED-Tagfahrlicht auf, das Heck wirkte mit der schwarz lackierten Akzentleiste mit integriertem Porsche-Schriftzug noch breiter. In Sachen Leistung und Dynamik über jede Kritik erhaben, meinte allerdings so mancher Tester, die beim 718 gegenüber den Vorgängermodellen fehlenden zwei Zylinder beim Motorsound deutlich herauszuhören: Es kamen jetzt Vierzylinder-Boxer mit Turboaufladung zum Einsatz, im Cayman mit 2, im Cayman S mit 2,5 Litern Hubraum (300/350 PS).

718 Cayman GTS

Zeitgleich mit dem 718 Boxster GTS kam im Dezember 2017 auch der 718 Cayman GTS auf den Markt, mit 365 PS hier wie dort in der Leistung um 15 PS gegenüber dem jeweiligen S-Modell angehoben. Zu verdanken war die Extra-Power des 2,5-Liter-Aggregats einem neu entwickelten Ansaugtrakt sowie einem optimierten Turbolader. Den Mittelmotorsportler gab es sowohl mit manuellem Sechsgang- als auch mit dem Porsche-Doppelkupplungsgetriebe (PDK). Porsche Torque Vectoring (PTV) inklusive mechanischer Hinterachsquersperre und das Sport-Chrono-Paket waren beim GTS serienmäßig an Bord, ebenso das Porsche Active Suspension Management (PASM), das die Karosserie um zehn Millimeter tieferlegte. In Verbindung mit dem PDK und dem Sport-Chrono-Paket sprinteten die GTS-Modelle in 4,1 Sekunden von null auf 100 km/h, die Spitzengeschwindigkeit lag bei 290 km/h. Optisch unterschieden sich die GTS-Modelle von den anderen Caymans unter anderem durch die neue Sport-Design-Bugverkleidung an der Front oder die mittig angeordneten schwarzen Sportendrohre am Heck. Schwarze GTS-Schriftzüge an den Türsockeln und schwarze 20-Zoll-Räder machten den GTS auch in der Seitenansicht unverwechselbar.

Als 718 Cayman rückte die Baureihe im Herbst 2016 deutlich näher an den 718 Boxster heran.

Der Vierzylinder-Turbo im 718 Cayman schöpfte aus zwei Litern Hubraum 300 PS.

718 CAYMAN (982)

718 Cayman T

Zum Jahreswechsel 2018/2019 präsentierte Porsche parallel zum 718 Boxster T auch den 718 Cayman T. Das »T« steht bei Porsche traditionell für Touring und wird dort als gleichbedeutend mit »Fahrvergnügen in seiner reinsten Form« verstanden. Um das zu erreichen, spendierten die Zuffenhausener dem T, der auf dem Basis-Cayman aufbaute, nicht nur 20-Zoll-Räder, sondern auch einige Extras, die sonst für die Zweiliter-Cayman gar nicht angeboten wurden, so zum Beispiel PASM-Sportfahrwerk mit 20 mm Tieferlegung, verkürzter Schalthebel mit rotem Schaltschema und Sport-Chrono-Paket. Regulär wurde der Cayman T mit Sechsgang-Schaltgetriebe und Porsche Torque Vectoring (PTV) inklusive mechanischer Hinterachsquersperre ausgeliefert, optional war aber auch das Porsche-Doppelkupplungsgetriebe (PDK) erhältlich. Im Innenraum wiesen unter anderem Öffnerschlaufen statt der Griffe in den Türtafeln oder das anstelle des Porsche Communication Management-Moduls (PCM) zu findende große Ablagefach auf die Reduktion auf das Wesentliche hin. Zählte letzteres allerdings für einen Kunden dann doch auch zum Wesentlichen, konnte er das Entertainment-System ohne Mehrkosten dazu ordern.

718 Cayman GT4

Mitte 2019 löste der 718 Cayman GT4 den GTS als Topmodell der Cayman-Baureihe ab: Stolze 420 PS aus dem neu entwickelten Vierliter-Sauger mit sechs Zylindern waren eine deutliche Ansage und reichten allemal, um dem Cayman GT4 den Status »Einstieg in die GT-Straßenmodelle von Porsche« zukommen zu lassen. Seine Kraft reichte für eine Beschleunigung von Null auf 100 km/h in 4,4 Sekunden, Schluss war mit der Sechsgang-Handschaltung erst bei 304 km/h (mit dem allerdings erst ab Herbst 2020 angebotenen PDK bei 302). Der 718 Cayman GT4 stand auf einem vollwertigen GT-Fahrwerk und verfügte über eine hocheffiziente verbesserte Aerodynamik, die gegenüber dem Vorgänger bis zu 50 % mehr Abtrieb generierte, ohne den Luftwiderstand nachteilig zu beeinflussen. Eine Hochleistungs-Bremsanlage lieferte zu den Leistungsdaten passende Verzögerungswerte, optional war auch die Porsche-Keramikbremse für den GT4 zu haben. Neu beim Spyder wie beim GT4 war eine adaptive Zylindersteuerung, die im Teillastbetrieb temporär den Einspritzvorgang an einer der beiden Zylinderbänke unterbrach und so den Kraftstoffbedarf senkte.

Türschlaufen und Ablagefach statt Kommunikationszentrale: Reduktion auf das Wesentliche im 718 Cayman T.

Das PASM-Sportfahrwerk hatte der 718 Cayman T dem Basis-Cayman voraus.

Der feststehende Heckflügel gehörte zum verbesserten Aerodynamikpaket des GT4.

Mitte 2019 gab es mit dem 718 Cayman GT4 ein neues Topmodell der Cayman-Baureihe.

Aus seinem Vierliter-Saugmotor mit sechs Zylindern schöpfte der GT4 420 PS.

»Fahrvergnügen in seiner reinsten Form« versprach Porsche 2019 mit dem 718 Cayman T.

Anstelle der hinteren Seitenscheiben besaß der GT4 RS Prozesslufteinlässe.

Die 400 PS im GTS 4.0 reichten für eine Höchstgeschwindigkeit von 293 km/h.

»Perfectly irrational«: Durchaus rationale Beschreibung für den ab März 2022 ausgelieferten 718 Cayman GT4 RS.

718 CAYMAN (982)

Rote Ziernähte und eine dunkle Alcantara®-Ausstattung im Innenraum des GTS 4.0.

718 Cayman GTS 4.0

Gleichzeitig mit dem Boxster gleichen Kalibers kam im März 2020 auch der 718 Cayman als GTS 4.0 auf den Markt. Hier wie dort werkelte der schon aus dem 718 Spyder und dem 718 Cayman GT4 bekannte Vierliter-Sechszylinder unter der Haube und leistete im GTS 4.0 400 PS. Das maximale Drehmoment betrug 420 Nm und wurde zunächst ausschließlich über ein manuelles Sechsganggetriebe an die Hinterachse übertragen. Das Sportfahrwerk PASM inklusive Tieferlegung um 20 (wahlweise 10) Millimeter, Porsche Torque Vectoring (PTV) mit mechanischer Hinterachs-Quersperre und Sport-Chrono-Paket waren serienmäßig an Bord und unterstrichen den sportlich-dynamischen Anspruch des GTS 4.0, der auf seidenglanzschwarzen 20-Zoll-Rädern stand. Der Standardspurt auf 100 km/h gelang in 4,5 Sekunden, die Höchstgeschwindigkeit lag bei bis zu 293 km/h. Die Bremsanlage der GTS-4.0-Modelle war nochmals verstärkt worden, optional war aber auch die Porsche-Keramikbremse erhältlich. Ab September 2020 war der 718 Cayman GTS 4.0 wie sein offenes Pendant dann auch mit dem Siebengang-Doppelkupplungsgetriebe PDK zu haben.

Sportlich hochwertige Innenausstattung des neuen Spitzenmodells der Cayman-Baureihe.

718 Cayman GT4 RS

Als »perfectly irrational« hatte Porsche den 718 Cayman GT4 RS angekündigt, der ab März 2022 ausgeliefert wurde. Und der GT4 RS, so war man in Zuffenhausen überzeugt, machte nicht weniger als eine Neudefinition des Begriffs »Fahrspaß« erforderlich, schon allein deshalb, weil hier 500 PS aus einem Hochdrehzahl-Mittelmotor auf ein Leergewicht von nur 1415 kg trafen. Zusammen mit einer besonders agilen Fahrwerksabstimmung und einer aufwendigen Aerodynamik trat hier eine Fahrmaschine auf die Bühne, die ihrem gewiss nicht schwächlichen kleinen Bruder Cayman GT4 auf der Nürburgring-Nordschleife sage und schreibe mehr als 23 Sekunden abnahm. Auffälligstes optisches Merkmal des Hochleistungssportlers war der feststehende Heckflügel mit Schwanenhalsanbindung und Flügelstützen aus Aluminium. Der GT4 Rs war ausschließlich mit dem Siebengang-Doppelkupplungsgetriebe PDK zu haben, dessen Gänge manuell sowohl über Paddles am Lenkrad als auch mittels eines Schalthebels auf der Mittelkonsole eingelegt werden konnten.

Der 718 Cayman GTS 4.0 kam im März 2020 auf den Markt. In »Python-Grün« war er allerdings erst ab September 2020 erhältlich.

PANAMERA (970)

Panamera (4)S

Im April 2009 präsentierte Porsche mit dem Panamera S und dem Panamera 4S seine vierte Baureihe, die am 12. September 2009 zunächst in drei V8-Versionen (neben Panamera S und 4S auch als Panamera Turbo) zu den Händlern kam. Ähnlich wie schon mit dem Cayenne wagten sich die Zuffenhausener mit dem Panamera mutig auf neues Terrain: Ein Gran Turismo, angesiedelt im Premium-Segment, mit vier Sitzen, vier Türen, allem erdenklichen Komfort und nichtsdestotrotz porschetypisch sportlichen Fahrwerten und -eigenschaften – der Neue hinterließ mächtig Eindruck. Der Achtzylinder-Motor des Panamera 4S leistete wie der im Panamera S 400 PS, doch anders als dieser verfügte der 4S serienmäßig über das selbst schaltende Porsche-Doppelkupplungsgetriebe (PDK) mit sieben Gängen sowie den »intelligenten« Allradantrieb PTM. Serienmäßig waren S und 4S mit Stahlfedern ausgerüstet, eine adaptive Luftfederung mit zuschaltbarem Zusatzvolumen in jeder Feder war optional erhältlich.

Mit Panamera S und Panamera 4S erschloss Porsche ab September 2009 ein neues Marktsegment.

Panamera (4)

Erst im Mai 2010 und damit ein gutes halbes Jahr nach den entsprechenden S-Modellen brachte Porsche die Basismodelle der Luxuslimousine auf den Markt. Der Panamera wie der allradgetriebene Panamera 4 wurden von einem von Porsche komplett neu entwickelten V6 mit 3,6 Litern Hubraum angetrieben. Der, so gab man sich in Zuffenhausen zuversichtlich, sollte mit seinen 300 PS »selbst hartgesottenen Porsche-Fans prinzipiell zusagen«. Zweifelsfrei verfügte auch der Basis-Panamera in Sachen Leistung, Fahrdynamik und Effizienz über genügend Porsche-Gene, um sich in der Klasse der Premium-Limousinen zu behaupten, der sich rasch einstellende Verkaufserfolg belegte darüber hinaus aber auch, dass es den Zuffenhausenern gelungen war, den Sportwagencharakter erfolgreich mit einer luxuriösen Ausstattung und einem großzügigen Raumangebot für vier Personen und Gepäck zu kombinieren. Ab Ende 2012 gab es Panamera und Panamera 4 auch in einer noch besser ausgestatteten »Platinum«-Edition.

Als Panamera und Panamera 4 kamen die Basis-Varianten der neuen Baureihe erst ein halbes Jahr nach den S-Modellen auf den Markt.

Ab Ende 2012 verfügbar: Eine besonders edel ausgestattete Platinum-Version des Panameras.

400 PS aus einem 4,8 Liter großen V8 ...

... und gediegener Luxus im Inneren: Die neuen Grand Turismos hinterließen mächtig Eindruck.

Der viersitzige Gran Turismo war in jeder seiner Ausführungen ein sportlich-luxuriöser Reisewagen.

Der Panamera Turbo kam im Herbst 2009 zeitgleich mit den S-Modellen auf den Markt.

Der bei seinem Erscheinen »sparsamste Porsche aller Zeiten«: Panamera S Hybrid.

380 PS Systemgesamtleistung reichten aber auch im Hybrid-Modell für eine sportliche Fahrweise.

Mit dem auf 540 PS leistungsgesteigerten Motor gab es den Turbo ab Modellahr 2011.

Panamera S Hybrid

Den bis dato »sparsamsten Porsche aller Zeiten« brachte die Sportwagenschmiede im Juni 2011 mit dem Panamera S Hybrid auf den Markt und bezifferte seinen Verbrauch (im NEFZ) mit 7,1 Litern auf 100 Kilometer. Trotzdem, so versicherte Porsche, sei der S Hybrid ohne jede Einschränkung so sportlich zu fahren wie die gesamte Panamera-Familie, und natürlich waren Raumangebot, Exklusivität und Komfort ohnehin von der Antriebsfrage unberührt geblieben. Zudem waren Luftfederung, PASM und Servotronic serienmäßig an Bord. 380 PS Systemgesamtleistung waren ein stolzer Wert, aber der S Hybrid konnte auch rein elektrisch bis zu zwei Kilometer zurücklegen und dabei eine Geschwindigkeit von 85 km/h erreichen. Als seinerzeit weltweit einziger Hybrid beherrschte der Panamera auch das verbrauchssparende sogenannte »Segeln«: Wurde bei höheren Geschwindigkeiten auf Autobahnen und Landstraßen keine Antriebsleistung benötigt, wurde der Verbrennungsmotor vom Antriebsstrang abgekoppelt und abgeschaltet.

Panamera Turbo (S)

Das Spitzenmodell der Panamera-Baureihe verfügte wie die S-Modelle über einen 4,8 Liter großen V8, der jedoch dank eines Biturbos beeindruckende 500 PS leistete. Selbstverständlich waren PDK und adaptive Luftfederung beim Turbo serienmäßig, ebenso der Allradantrieb und die aktive Aerodynamik in Form eines automatisch ausfahrenden und im Anstellwinkel verstellbaren Heckspoilers. Über eine »Sporttaste«, mit der zwischen einer komfort- und verbrauchsoptimierten sowie einer sportbetonten Abstimmung gewählt werden konnte, verfügten alle Panamera, darüber hinaus war das Sport-Chrono-Paket optional erhältlich, das für eine nochmals sportlich-straffere Abstimmung sorgte und beispielsweise im Turbo auch den Overboost aktivierte. Alle Panamera mit PDK und Sport-Chrono-Paket waren zudem mit einer Launch Control ausgestattet, die den Beschleunigungsvorgang optimierte. Ab Modelljahr 2011 gab es den Turbo auch mit einer Leistungssteigerung auf 540 PS.

Im Sommer 2011 erschien dann mit dem Turbo S das Spitzenmodell der Gran-Turismo-Baureihe auf dem Markt. Laut Porsche »selbst für ein Spitzenmodell in der Luxusklasse außergewöhnlich umfangreich ausgestattet«, verfügte der 550 PS starke Turbo S über einen 4,8 Liter großen V8-Biturbo und kam serienmäßig mit der Siebengang-PDK, dem Sport-Chrono-Paket Turbo, Allradantrieb, der variablen Momentenverteilung PTV Plus (Porsche Torque Vectoring Plus), der Wankstabilisierung PDCC (Porsche Dynamic Chassis Control), der geschwindigkeitsabhängigen Servotronic, der adaptiven Dämpfungsregelung PASM (Porsche Active Suspension Management) und adaptiver Luftfederung. So viel geballter Technik ab Werk standen im Inneren ebenso serienmäßig gediegenster Komfort und höchste Exklusivität gegenüber, beispielsweise in Gestalt einer Bi-Color-Lederausstattung in exklusiven Farbkombinationen, Komfortsitzen oder des speziell für den Panamera entwickelten Bose®-Surround-Sound-Systems.

Mit 550 PS und üppiger Serienausstattung war der Turbo S das Spitzenmodell der Panamera-Baureihe.

Im Sommer 2011 rollte der Panamera Turbo S zu den Händlern.

PANAMERA (970)

Panamera Diesel

Als »Langstreckenmeister« präsentierte Porsche im Sommer 2011 den Panamera mit einem Dreiliter-Turbodiesel, der – zumindest rein rechnerisch – eine Reichweite von über 1200 Kilometern versprach: Ein NEFZ-Verbrauch von 6,5 Litern und ein 80-Liter-Tank machten es möglich. Dabei genügten seine 250 PS durchaus für eine sportlich-ambitionierte Fahrweise, vor allem das Durchzugsvermögen konnte dank des dieseltypisch hohen Drehmoments von 550 Nm überzeugen, das von der speziell auf den Diesel abgestimmten Achtgang-Tiptronic-S stets optimal in Vortrieb umgesetzt wurde. Von der Antriebsseite abgesehen war der Panamera Diesel weitgehend identisch mit den V6-Basismodellen, von denen er sich äußerlich nur durch die »diesel«-Schriftzüge an den Flanken und die oval geformten Auspuffendrohre unterscheiden ließ. Auch vom Panamera Diesel gab es ab Ende 2012 eine »Platinum«-Version.

Panamera GTS

Als »Gran Turismo« bezeichnete Porsche alle Modelle der Panamera-Baureihe, aber Anfang 2012 kam mit dem Panamera GTS ein Modell auf den Markt, das diese Bezeichnung als Kürzel »GT« auch im Namen trug, ergänzt noch um ein »S«, das, wie sollte es anders sein, für »Sport« stand. Mehr Leistung und verstärkte Bremsen, eine um zehn Millimeter tiefergelegte Karosserie und ein besonders sportlich abgestimmtes Fahrwerk mit Luftfederung und PASM sollten den allradgetriebenen GTS im Prinzip rundkurstauglich machen, und das natürlich ohne Einschränkung der Alltagstauglichkeit. Im Interieur unterstrichen adaptive Sportsitze, das Sport-Design-Lenkrad mit Schaltpaddles und die exklusive GTS-Lederausstattung den besonders sportlichen Charakter des Viertürers. Äußere Kennzeichen des GTS waren unter anderem das serienmäßig verbaute Bugteil aus dem Sport-Design-Paket des Panamera Turbo, der automatisch ausfahrende Heckspoiler des Turbos und die schwarz ausgeführten Innenblenden der Bi-Xenon-Scheinwerfer.

GTS: Ein besonders sportlicher Gran Turismo in Gestalt des Panamera GTS.

Der Dreiliter-V6-Turbodiesel aus dem Panamera Diesel.

Sport-Design-Lenkrad mit Schaltpaddles im Inneren des Panamera GTS.

Der GTS hatte ein tiefergelegtes Fahrwerk und schöpfte 430 PS aus seinem leistungsgesteigerten V8.

Der »Langstreckenmeister«: 250 PS sollten auch dem Panamera Diesel für eine sportliche Fahrweise genügen.

Kleine »diesel«-Schriftzüge in den Seitenflanken wiesen dezent auf die Antriebsart hin.

Dreiliter-V6-Turbo statt 4,8-Liter-V8-Sauger: Der Hubraum in den neuen Panamera S und 4S war deutlich geschrumpft, die Leistung dennoch auf jetzt 420 PS gestiegen.

Panamera und Panamera 4 verfügten jetzt über 310 PS, ihr Verbrauch war hingegen um fast einen Liter gesunken.

PANAMERA (970)

Mitte 2013 war das Basismodell Panamera wie alle anderen Panameras auch einer Modellpflege unterzogen worden.

Panamera 4S Executive mit um 15 Zentimeter verlängertem Radstand.

Panamera (4)

Mitte 2013 kamen die Modelle der Panamera-Baureihe modellgepflegt auf den Markt. Straffere Linien, deutlichere Konturen und neu gestaltete Karosserieelemente prägten die neuen Modelle, die allesamt sparsamer im Verbrauch und (bis auf den Diesel) in der Leistung erstarkt daherkamen. So verfügten Panamera und Panamera 4 jetzt über 310 statt 300 PS, verbrauchten dabei aber fast einen ganzen Liter Sprit weniger als ihre Vorgänger. Möglich wurde das unter anderem durch das überarbeitete Siebengang-PDK-Getriebe, das jetzt verbrauchssparend über sogenannte »virtuelle Zwischengänge« verfügte, und durch eine erweiterte Start-Stopp-Funktion, die den Motor jetzt bereits beim Ausrollen abschaltete. Äußerlich ließen sich die neuen unter anderem an den größeren Lufteinlässen im Bug und an der neu gestalteten Heckklappe von den Vorgängermodellen unterscheiden. Ab Juni 2015 gab es Panamera und Panamera 4 auch als »Edition« mit umfangreicherer Serienausstattung.

Panamera (4)S

Zwei Zylinder und 1,8 Liter Hubraum weniger als in den Vorgängermodellen: Nicht in jeder Hinsicht stieß die Modellpflege von Panamera S und 4S auf spontane Begeisterung. Aber natürlich ging auch dieses drastische Downsizing vom 4,8-Liter-V8 auf einen Dreiliter-V6 mit einer Leistungssteigerung einher, die in erster Linie den beiden Turboladern zu verdanken war, die der V6 zum Ausgleich erhalten hatte. Um daneben aber auch die Laufruhe des neuen V6-Turbomotors für Panamera S und 4S auf dem hohen Niveau des Achtzylinders im Vorgänger zu halten, kompensierte eine Ausgleichswelle die störenden Massenmomente. In der Ausstattung aufgewertet, versöhnten die S-Modelle ihre Fahrer denn auch mit ausgezeichneten Fahrleistungen und hohem Komfort. Den Panamera 4S gab es auch in einer besonders komfortablen Langversion als »Executive« mit einem um 15 Zentimeter verlängerten Radstand und entsprechend mehr Beinfreiheit für die Fondpassagiere.

Interieur der ab Mitte 2015 erhältlichen »Editions«-Modelle.

Eine Ausgleichswelle im V6-Turbomotor sorgte für eine Laufruhe, die der des V8 im Vorgänger nahezu gleichkam.

PANAMERA (970)

Panamera GTS

Der modellgepflegte Panamera GTS war der einzige Panamera, der ab Mitte 2013 noch mit dem 4,8 Liter großen V8-Saugmotor zu haben war. Auch er hatte in der Leistung um 10 PS zugelegt, seinen Durst aber gleichzeitig um 0,8 Liter pro 100 km gezügelt. Um den schon im letzten Teil des Kürzels »GTS« zum Ausdruck gebrachten besonders sportlichen Charakter dieses Modell nicht zu verwässern, hatte Porsche bei ihm auf die »virtuellen Zwischengänge« im PDK-Getriebe verzichtet, ebenso auf die nicht unbedingt sportliche Segel-Funktion. Neue Serienausstattungen wie Bi-Xenon-Scheinwerfer, Multifunktionslenkrad oder die automatische Heckklappe hatten alle modellgepflegten Panameras nochmals aufgewertet, die Liste aufpreispflichtiger Extras war dennoch porschetypisch lang geblieben. Wie die Turbo-Modelle unterschied sich auch der Panamera GTS unter anderem durch die nochmals größeren Lufteinlässe und die in die seitlichen Lufteinlassöffnungen integrierten Blinker von den schwächeren Modellen.

Auch dem Panamera Diesel war die Modellpflege Mitte 2013 zuteilgeworden.

Der GTS hatte in der Leistung um 10 auf 440 PS zugelegt.

Panamera S E-Hybrid

Mit der Modellpflege war Mitte 2013 aus dem Panamera S Hybrid ein Panamera S E-Hybrid geworden, und die Veränderungen im Antriebsstrang waren so gravierend, dass sie die Namensänderung durchaus rechtfertigten. So war der Elektroantrieb mit 95 PS mehr als doppelt so stark wie im Vorgänger, und die Lithium-Ionen-Batterie konnte über fünfmal mehr Energie speichern, genug für eine rein elektrisch zurückgelegte Fahrstrecke von bis zu 36 Kilometern. Zusammen mit dem Dreiliter-V6 mit Kompressor ergab das im NEFZ einen theoretischen Verbrauch von 3,1 Litern auf 100 Kilometer. Nicht schlecht für einen Zweitonner mit über 400 PS, auch wenn sich dieser Wert in der Praxis natürlich nicht erreichen ließ. Serienmäßig nur im S E-Hybrid verbaut war das PCC (Porsche Car Connect, optional für alle anderen Panamera), mit dem sich über eine App aus der Ferne bestimmte Fahrzeugfunktionen steuern oder Daten abrufen ließen. Sogar den Weg zum Fahrzeug konnte die App anzeigen.

Panamera Diesel

Der Panamera Diesel kam Mitte 2013 ebenfalls modellgepflegt auf den Markt, also mit weiterentwickeltem Fahrwerk, neuer Karosserie und neuem Design. Die gravierendste Änderung allerdings ließ zunächst noch auf sich warten: Erst ab Januar 2014 erhielt der Panamera Diesel auch einen komplett neuen Selbstzünder, der bei gleichen Grundabmessungen über 50 PS mehr Leistung verfügte und stolze 100 Nm mehr Drehmoment auf die Kurbelwelle wuchtete. Dafür waren vor allem die beweglichen Teile wie Kurbeltrieb und Kolben völlig neu konstruiert und auf Mehrleistung ausgelegt worden, ein neuer, wassergekühlter Turbolader ermöglichte einen höheren Luftdurchsatz und einen auf drei bar gesteigerten Ladedruck. Entsprechend deutlich verbesserten sich auch die Fahrleistungen. Verbunden mit dem Plus an Leistung war eine weiter optimierte Fahrdynamik, der Diesel erhielt jetzt serienmäßig auch die geregelte Hinterachs-Quersperre mit Porsche Torque Vectoring Plus, die bis dato den Benzinern vorbehalten war. Ab Juni 2015 gab es den Diesel auch als »Edition« mit einer noch umfangreicheren Serienausstattung.

Ab Mitte 2013 besaß nur noch der Panamera GTS den 4,8 Liter großen V8-Saugmotor.

Allerdings musste der 250-PS-Diesel nach der Modellpflege zunächst noch ohne ein Leistungsplus auskommen.

Erst Anfang 2014 kam der Diesel dann mit völlig neuem V6-Turbo und 300 PS.

Die Batterie im Panamera S E-Hybrid konnte jetzt fünfmal mehr Energie speichern als die im Vorgängermodell, ...

... was es ermöglichte, eine Fahrstrecke von rund 36 Kilometern rein elektrisch zurückzulegen.

Die Edelversion »Exclusive Series« war allerdings auf nur 100 Exemplare limitiert. Exklusiv eben.

Als Spitzenmodell der Panamera-Baureihe verfügte der Turbo S nach der Modellpflege über 570 PS.

PANAMERA (970)

Panamera Turbo

Auch der Panamera Turbo hatte mit der Modellpflege ein Leistungsplus erhalten, 20 PS mehr als beim Vorgänger machten sich in einer geringfügig größeren Höchstgeschwindigkeit und besserer Beschleunigung bemerkbar. Besonders deutlich aber war bei diesem Topmodell die Verbrauchsreduzierung ausgefallen: Ganze 1,3 Liter sollte der neue Turbo laut Werksangaben auf 100 km weniger verbrauchen als sein Vorgänger. Akustisch trat der modellgepflegte Turbo nochmals deutlich selbstbewusster auf: Seine neu entwickelte Abgasanlage umfasste drei schaltbare Klappen, über die je nach Last und Drehzahl eine beeindruckende Klangkulisse erzeugt wurde. Auch den Panamera Turbo gab es in einer besonders komfortabel ausgestatteten Langversion als »Executive« mit um 15 Zentimeter verlängertem Radstand und entsprechend gestreckter Karosserie. Weil auch die hinteren Türen um eben diese 15 Zentimeter breiter geworden waren, bot sich den Hinterbänklern im Executive ein besonders bequemer Einstieg.

Panamera Turbo S

Im Januar 2014 kam schließlich mit dem Panamera Turbo S das Spitzenmodell der Baureihe auf den Markt, das ebenfalls in einer Executive-Version mit um 15 Zentimeter verlängertem Radstand zu haben war. Nicht nur war seine Serienausstattung außergewöhnlich umfangreich, er setzte sich selbstredend auch hinsichtlich der Leistung noch einmal deutlich vom normalen Turbo ab: Zwei neue Turbolader mit größerem Verdichter und eine Erhöhung des Einspritzdrucks trugen wesentlich zu einem Leistungsplus von 50 PS bei. Vorn gab es beim Turbo S serienmäßig Komfortsitze mit Memory-Funktion, Sitzflächenverlängerung, Lordosenstütze und Sitzbelüftung, über eine Sitzheizung verfügten alle vier Einzelsitze. Fondpassagiere im Turbo S Executive genossen auf ihren Einzelsitzen unter anderem zwölf Zentimeter zusätzlichen Fußraum, Geräusch- und Wärmeschutz- einschließlich Privacy-Verglasung, ein fondorientiertes Innenraum-Licht-Paket und eine große Mittelkonsole. Ab Oktober 2014 gab es den Turbo S Executive auch in einer auf 100 Exemplare limitierten Edelversion als »Exclusive Series«.

Bequemes Reisen für die Fondpassgiere im Panamera Turbo S Executive.

Im Herbst 2014 erschien der Panamera Turbo S Executive auch in einer »Exclusive Series«.

20 PS mehr, aber 1,3 Liter weniger im Verbrauch: Der modellgepflegte Panamera Turbo des Modelljahrs 2014.

Panamera Turbo und Turbo Executive im Längenvergleich: Der Einstieg für die Fondpassagiere fiel dank der längeren Türen im Executive deutlich leichter.

PANAMERA (971)

Panamera (4)

Ab November 2016 stand der Panamera der zweiten Generation (Typ 971) als Panamera und Panamera 4 bei den Händlern, letzterer auch in einer Executive-Version mit um 150 mm verlängertem Radstand und serienmäßiger adaptiver Dreikammer-Luftfederung inklusive elektronisch geregeltem Dämpfungssystem (PASM). Das neue viertürige Coupé war das erste Fahrzeug, das auf dem von Porsche entwickelten Modularen Standardantriebsbaukasten (MSB) des VW-Konzerns aufbaute. Unter der Haube steckte ein neuer Dreiliter-Turbo (2995 ccm) mit sechs Zylindern in V-Anordnung, der jetzt 330 PS leistete, aber bis zu einem Liter weniger Sprit als das Vorgängermodell brauchte. Deutlich flacher wirkte der Neue, dessen Dach speziell im Fondbereich um 20 mm abgesenkt worden war – natürlich ohne die Kopffreiheit der Fondpassagiere zu beeinträchtigen. Der Panamera fiel im Herbst 2018 aus dem Programm, wurde erst zwei Jahre später im Zuge der Modellpflege wieder gebaut, dann mit dem 2,9-Liter-V6-Biturbo, der ab 2018 auch schon im Panamera 4 den Dreiliter abgelöst hatte und ebenfalls 330 PS leistete. Ab 2017 gab es den Panamera 4 auch in einer völlig neuen und besonders variablen Karosserievariante als Sport Turismo, ab der B-Säule komplett eigenständig designt und mit dreisitziger Rückbank.

Ende 2016 erschien der Panamera der zweiten Generation auf dem Markt.

Panamera 4 E-Hybrid

Ab April 2017 wurde der Panamera 4 auch als E-Hybrid mit 50 km rein elektrischer Reichweite ausgeliefert. Er verfügte über eine Systemleistung von 462 PS und verbrauchte laut Werksangabe im Neuen Europäischen Fahrzyklus für Plug-in-Hybrid-Modelle nur 2,5 Liter Sprit auf 100 km. Porsche vergaß allerdings nicht, zu betonen, dass auch der Panamera 4 E-Hybrid ein Sportwagen geblieben war. Immerhin erreichte er eine Höchstgeschwindigkeit von 278 km/h – aber mit 2,5 Litern kam man natürlich nicht bis an diese Grenze. Der Hybrid-Panamera kam stets mit Allradantrieb (4!) und Dreikammer-Luftfederung, die Kraft wurde von einem Achtgang-PDK auf die Räder übertragen. Auch als E-Hybrid gab es den Panamera 4 als Sport Turismo, ebenso in der Executive-Variante mit längerem Radstand. Ende 2021 bot Porsche den Panamera 4 und den Panamera 4 E-Hybrid schließlich noch in einer besonders edel ausgestatteten Platinum-Version an.

Die Platinum-Version von Panamera 4 und Panamera 4 E-Hybrid war besonders edel ausgestattet.

Panamera GTS

Im Herbst 2018 erweiterte Porsche die Panamera-Familie um den GTS, den es von Anfang an als Sportlimousine und als Sport Turismo gab. Bestückt waren die GTS mit dem Vierliter-V8-Biturbo, der 460 PS leistete, sowie mit einem dynamikbetonten Sport-Fahrwerk mit zehn Millimeter Tieferlegung und Dreikammer-Luftfederung. Optisch setzten beim GTS unter anderem das Sport Design-Paket mit schwarzen Akzenten außen sowie großzügige Alcantara®-Oberflächen im Inneren Schwerpunkte. Neu eingeführt wurde im GTS ein vielfältig konfigurierbares Head-up-Display, das fürderhin auch in allen anderen Panamera-Modellen zu haben war. Den neuen Panamera GTS gibt es erstmals auch Als Sport Turismo mit großer Heckklappe, niedriger Ladekante, vergrößertem Gepäckraumvolumen und einer 4+1-Sitzkonfiguration sollte der GTS zusätzlich zu seiner beeindruckenden Performance auch höchsten Ansprüchen an die Alltagstauglichkeit gerecht werden. Im Zuge der Modellpflege im Jahr 2020 wurde die Leistung des V8 im GTS nochmals um 20 PS gesteigert.

2018 erschien der Panamera als GTS in eine besonders sportlich abgestimmten Variante.

Den Panamera 4 gab es auch in einer Executive-Version mit 150 mm längerem Radstand.

Als Sport Turismo sollte der Panamera 4 noch stärker Sportlichkeit und Alltagstauglichkeit in sich vereinen.

Der Panamera 4 E-Hybrid sollte im NEFZ nur 2,5 Liter Sprit auf 100 km verbrauchen.

2020 erhielt der GTS, hier als Sport Turismo zu sehen, 20 zusätzliche PS.

Nach der Modellpflege vom Herbst 2020: Panamera 4S mit Sport-Design-Front.

Der nur ein knappes Jahr lang gebaute Panamera 4S Diesel war der schnellste Serien-Diesel der Welt.

Als Sport Turismo kam der 4S E-Hybrid rein elektrisch nicht ganz so weit wie die Limousine: 53 km nach WLTP.

Der Panamera 4S E-Hybrid verfügte über eine Systemleistung von 560 PS.

PANAMERA (971)

Panamera 4S Diesel von 2017 als Sport Turismo.

Panamera 4S

Ebenfalls zum Start der zweiten Panamera-Generation kam der neue Panamera Ende 2016 auch als Panamera 4S auf den Markt. Bestückt mit einem 2,9-Liter-V6 mit Biturbo verfügte der Panamera 4S über 440 PS, Allradantrieb und das neue Achtgang-Porsche-Doppelkupplungsgetriebe (PDK). Aus dem Stand war der Panamera 4S nach 4,4 Sekunden (mit Sport Chrono Paket 4,2) auf Tempo 100 und näherte sich mit einer Höchstgeschwindigkeit von 289 km/h der 300-km/h-Marke. Wie alle Panameras der zweiten Generation hatte auch der 4S gegenüber den Vorgängermodellen um 34 mm in der Länge (5049) zugelegt, um 6 mm in der Breite (1937) und um 5 mm in der Höhe (1423 mm), der Radstand war um 30 auf 2950 mm gewachsen. Trotz der Zuwächse wirkten die Neuen schlanker und sportlicher als ihre Vorgänger, was außer an der neu gezeichneten Karosserie vor allem daran lag, dass das Dach im Fondbereich gezielt um 20 mm abgesenkt worden war. Im Zuge der Modellpflege erhielten die Panamera-Modelle ab Werk die bis dahin optionale Sport-Design-Front mit markanten Lufteinlassgittern und großen seitlichen Kühlluftöffnungen sowie einzeiliger Bugleuchte.

Panamera 4S E-Hybrid

Im Oktober 2020 stellte Porsche dem Panamera 4 E-Hybrid den neuen Panamera 4S E-Hybrid zur Seite. Der neue Plug-in-Hybrid besaß einen komplett neuen Antrieb, der aus dem Zusammenspiel eines 136 PS starken, in das Achtgang-Doppelkupplungsgetriebe PDK integrierten Elektromotors und des 2,9-Liter-V6-Biturbos mit 440 PS eine Systemleistung von 560 PS und ein maximales Systemdrehmoment von 750 Nm generierte. Dem entsprachen die Fahrleistungen: In Kombination mit dem serienmäßigen Sport Chrono-Paket gelang der Sprint von null auf 100 km/h in 3,7 Sekunden, erst bei 298 km/h war die Höchstgeschwindigkeit erreicht. Die rein elektrische Reichweite des Panamera 4S E-Hybrid betrug nach WLTP bis zu 54 km. Komfort und Sportlichkeit des Panamera 4S E-Hybrid waren durch weiterentwickelte Fahrwerkkomponenten, Regelsysteme sowie einer neue Generation von Lenkungsregelung und Reifen nochmals optimiert worden.

Panamera 4S Diesel

Ende 2016 arbeitete im neuen Panamera 4S Diesel der stärkste bis dahin von Porsche in einem Serienfahrzeug eingesetzte Selbstzünder mit einer Leistung von 422 PS und einem Drehmoment-Maximum von 850 Nm. Mit einer Höchstgeschwindigkeit von 285 km/h war der 4S Diesel das seinerzeit schnellste mit Dieselmotor ausgerüstete Serien-Fahrzeug der Welt. Allerdings war diesem schnellen Diesel nur ein kurzes Dasein vergönnt: nach nicht einmal einem Jahr Bauzeit stellte Porsche 2017 die Produktion des Diesel-Panameras wieder ein, und 2018 kam dann das generelle Aus für Dieselmotoren bei Porsche. Ein knappes Jahr lang aber war auch der 4S Diesel als sportlich-komfortable Reiselimousine und als Sport-Turismo zu haben, doch billig war es nicht, den schnellsten Diesel der Welt zu fahren. Ein Tester von der Auto Bild meinte sogar: »Der Preis des Porsche Panamera 4S Diesel verschlägt einem geradezu den Atem. Für stattliche 116.954 Euro gibt es nicht mehr als ein solides Basispaket ...« Entsprechend lang war dafür die Liste der aufpreispflichtigen Zusatzausstattungen.

Der Panamera 4S der zweiten Generation war auch als Langversion Executive erhältlich.

PANAMERA (971)

Panamera Turbo

Auch der Panamera Turbo erschien gleich zur Markteinführung der zweiten Panamera-Generation Ende 2016, auch er mit Allradantrieb und Achtgang-PDK. Sein neu entwickelter Vierliter-V8-Biturbo leistete 550 PS und lieferte ein maximales Drehmoment von 770 Nm. Das reichte für eine Spurt von Null auf 100 km/h in 3,8 Sekunden (mit optionalem Sport-Chrono-Paket: 3,6) und eine Höchstgeschwindigkeit von 306 km/h. Bei allen neuen Panameras waren die Turbolader jetzt zentral in das V der Zylinderbänke integriert, wodurch die Motoren kompakter wurden und somit eine tiefere Einbaulage ermöglichten, was sich wiederum positiv auf den Fahrzeugschwerpunkt auswirkte. Ein im Grundlayout optimiertes Fahrwerk sorgte auch beim Panamera Turbo für eine weitere Annäherung der Gegenpole Sportlichkeit und Komfort, eine Vielzahl von serienmäßigen oder optionalen Assistenzsystemen machte das Fahren komfortabler und sicherer, darunter beispielsweise ein Nachtsichtsystem, LED-Matrix-Hauptscheinwerfer oder das neue Porsche InnoDrive inklusive Abstandsregeltempostat, das basierend auf Navigations- und Daten der Radar- und Video-Sensorik für die nächsten drei Kilometer die optimalen Beschleunigungs- und Verzögerungswerte sowie Gang- und Segelvorgaben errechnete und aktivierte. Kurven, Steigungen und zulässige Geschwindigkeiten wurden dabei automatisch berücksichtigt.

Panamera Turbo S

Im Zuge der Modellpflege im Herbst 2020 löste der neue Panamera Turbo S den bis dato angebotenen Panamera Turbo ab. Mit 630 PS und 820 Nm Drehmoment bot er 80 PS mehr Leistung und 50 Nm mehr Drehmoment als das bisherige Verbrenner-Topmodell. Das war schon eine deutliche Ansage und verbesserte denn auch noch einmal signifikant die Fahrleistungen: Der Standardsprint war im Sport-Plus-Modus nach 3,1 Sekunden absolviert, die Höchstgeschwindigkeit betrug jetzt 315 km/h. Um die enorme Kraft kontrolliert auf die Straße übertragen zu können und die Kurven-Performance zu maximieren, waren unter anderem die Dreikammer-Luftfederung, das Porsche Active Suspension Management (PASM) und die Wankstabilisierung Porsche Dynamic Chassis Control Sport (PDCC Sport) inklusive Porsche Torque Vectoring Plus (PTV Plus) modellspezifisch weiter optimiert worden. Der neue Panamera Turbo S war auch in den Karosserievarianten Sport Turismo und Executive erhältlich.

Panamera Turbo S E-Hybrid

Im Juli 2017 kam mit dem Panamera Turbo S E-Hybrid das seinerzeit stärkste Modell der Panamera-Baureihe auf den Markt: Seine Systemleistung betrug 680 PS. Die in das Achtgang-Doppelkupplungsgetriebe PDK integrierte elektrische Maschine des Turbo S E-Hybrid verfügte über eine Leistung von 136 PS und ein Drehmoment von 400 Nm. Der Vierliter-V8-Biturbo leistete im Turbo S E-Hybrid 550 PS. nach der Modellpflege im Herbst 2020 stieg dieser Wert auf 571 PS, die Gesamt-Systemleistung auf 700 PS. Die Fahrleistungen waren entsprechend: Von Null auf 100 km/h in 3,2 Sekunden, Höchstgeschwindigkeit 315 km/h. Rein elektrisch schaffte der neue Panamera Turbo S E-Hybrid bis zu 50 km nach WLTP. Äußere Kennzeichen des neuen Panamera-Spitzenmodells waren nach der Modellpflege unter anderem das neu gezeichnete Bugteil mit den doppelten Turbo-Bugleuchten in C-Form sowie größere seitliche Lufteinlässe. Am Heck verlief das überarbeitete Leuchtenband jetzt mit angepasster Konturführung nahtlos über die Gepäckraumklappe. Alle drei Hybrid-Panameras des Modelljahrs 2021 waren jeweils in den drei verfügbaren Karosserie-Varianten Sportlimousine, Executive (Langversion) und Sport Turismo erhältlich.

Der Panamera Turbo des Modelljahrs 2017 war 306 km/h schnell.

Im Herbst 2020 wurde der Panamera Turbo durch den neuen Panamera Turbo S ersetzt.

80 PS mehr als im Turbo ohne »S« machten sich auch im Turbo S Sport Turismo bemerkbar.

Nach der Modellpflege im Herbst 2020 war der Panamera Turbo S E-Hybrid in der Systemleistung auf 700 PS erstarkt. (Im Bild die Langversion Executive.)

Mit dem Panamera Turbo S E-Hybrid erschien Mitte 2017 das neue Spitzenmodell der Panamera-Baureihe.

Allradantrieb und Achtgang-PDK waren im Turbo (hier ein Turbo Sport Turismo) Serie.

Das Basismodell Taycan kam erst 2021 auf den Markt.

Je nach Batteriegröße verfügte der Taycan über eine Nennleistung von 326 bzw. 380 PS.

Als Sport Turismo sollte der Taycan die Alltagstauglichkeit des Cross Turismo mit der Onroad-Dynamik der Limousine verknüpfen.

TAYCAN (J1)

Taycan

Nicht weniger als den »Beginn einer neuen Ära« meinte Porsche-Chef Oliver Blume mit der Präsentation von Taycan Turbo und Turbo S im September 2019 verkünden zu können, stellte er hier doch die ersten in Serie produzierten rein elektrisch angetriebenen Sportwagen aus Zuffenhausen vor. Das Basismodell Taycan mit Heckantrieb hingegen ließ noch bis März 2021 auf sich warten und war dann mit zwei Batteriegrößen erhältlich: Mit der Performance-Batterie (Gesamtkapazität 79,2 kWh) leistete der Taycan 326 PS (mit Overboost bis zu 408 PS), mit der Performance-Batterie Plus (93,4 kWh) 380 (476) PS. Die Reichweite betrug nach WLTP mit der schwächeren Batterie bis zu 431, mit der größeren bis zu 484 km. Laden und Bezahlen war unterwegs ohne Karte oder App möglich: War das Ladekabel in eine entsprechende Ladestation eingesteckt, erfolgte beides über einen Datenaustausch zwischen Fahrzeug und Station. Mit Functions on Demand (FoD) konnten Taycan-Fahrer auch nach dem Kauf noch verschiedene Komfort- und Assistenzfunktionen erwerben oder zeitlich befristet zubuchen, ein Werkstattbesuch war dafür nicht erforderlich. Ab Frühjahr 2022 war der Taycan in einer zweiten Karosserie-Variante als Sport Turismo erhältlich.

Im Oktober 2019 kam mit dem Taycan 4S das dritte Taycan-Modell auf den Markt.

Taycan 4(S)

Nur einen Monat nach der Premiere von Taycan Turbo und Turbo S stellte Porsche im Oktober 2019 mit dem Taycan 4S eine drittes Mitglied der rein elektrischen Modellfamilie vor. Serienmäßig war im 4S eine einstöckige Performance-Batterie mit einer Gesamtkapazität von 79,2 kWh verbaut, auf Wunsch gab es aber auch die von den Turbo-Modellen bekannte zweistöckige Performance-Batterie Plus mit einer Gesamtkapazität von 93,4 kWh. Die Leistung betrug je nach Batterie mit Overboost bis zu 530 bzw. 571 PS (Nennleistung: 435 bzw. 490 PS), die Reichweite nach WLTP bis zu 407 bzw. 463 km. Der Taycan 4S verfügte ab Werk über eine adaptive Dreikammer-Luftfederung inklusive Smart-Lift-Funktion. Erkennen ließ sich der 4S unter anderem an den rot lackierten Bremssätteln und an Seitenschwellern und Heckdiffusor in Schwarz. Serienmäßig verfügt der Taycan 4S über eine Teillederausstattung sowie Komfortsitze vorne mit elektrischer Acht-Wege-Verstellung. Im Sommer 2021 erschien der Taycan 4S auch als Cross Turismo mit 490/671 PS, und diese Karosserievariante war die einzige, in der es auch einen Taycan 4 gab, der dann 380/476 PS leistete. Alle Cross-Turismo-Taycans verfügten ab Werk über das größere Batteriepaket mit 93,4 kWh. Wie den Taycan gab es auch den 4S ab Frühjahr 2022 als Sport Turismo.

Vorläufer des Taycan: Der »Mission E«, vorgestellt 2015 auf der IAA. 2018 präsentierte Porsche das Konzeptfahrzeug in Genf auch noch als Cross Turismo.

Für die Cross-Turismo-Taycans (im Bild ein 4S) hatte Porsche eine Heckträger für bis zu drei Fahrräder entwickelt.

TAYCAN (J1)

Taycan GTS

Im Frühjahr 2022 rollte mit dem GTS ein weiteres Mitglied der Taycan-Familie zu den Porsche-Händlern, und zwar nicht nur als Sportlimousine, sondern als erster Taycan überhaupt auch in der Karosserievariante Sport Turismo. Einen Cross-Turismo-GTS gab es hingegen bei der Markteinführung nicht. Den Taycan GTS sah man bei Porsche als den sportlichen Alleskönner in der Modellpalette. Angesiedelt zwischen 4S und Turbo und stets ausgestattet mit dem größeren Batteriepaket mit einer Gesamtkapazität von 93,4 kWh, verfügte er über bis zu 598 PS Overboost-Leistung (Nennleistung: 517 PS). Den Sprint von Null auf 100 km/h absolvierten beide Karosserievarianten in 3,7 Sekunden, die Höchstgeschwindigkeit lag bei 250 km/h. Erkennen konnte man einen GTS unter anderem an zahlreichen schwarzen oder dunklen Details am Exterieur, etwa an der Bugverkleidung, den Füßen der Außenspiegel oder den Seitenscheibenleisten. Im Interieur unterstrichen zahlreiche schwarze Race-Tex-Umfänge das »dynamisch-edle Ambiente« des Taycan GTS. Wie bei den Cross-Turismos lag die Kopffreiheit auch bei den Sport-Turismos um 45 Millimeter über dem Wert der Sportlimousinen, das Ladevolumen unter der großen Heckklappe betrug über 1200 Liter.

Der Taycan GTS war zwischen 4S und Turbo angesiedelt und kam im Frühjahr 2022 auf den Markt.

Taycan Turbo (S)

Taycan Turbo und Taycan Turbo S waren im Herbst 2019 die Vorreiter bei der Markteinführung der Taycan-Baureihe. Der Turbo S kam auf bis zu 761 PS Overboost-Leistung, der Taycan Turbo auf bis zu 680 PS. (Die Nennleistung betrug bei beiden 625 PS). Aus dem Stand beschleunigte der Turbo S in 2,8 Sekunden von Null auf 100 km/h, der Turbo ließ sich bei diesem Sprint 0,4 Sekunden mehr Zeit. Die Reichweite nach WLTP betrug bis zu 412 km beim Turbo S und bis zu 450 km beim Turbo, die Höchstgeschwindigkeit lag bei beiden Allradmodellen bei 260 km/h. Der Taycan war das erste Serienfahrzeug, das mit einer Systemspannung von 800 Volt statt der bei Elektroautos üblichen 400 Volt antrat. So konnte mit Gleichstrom im Schnellladenetz in nur gut fünf Minuten Energie für bis zu 100 Kilometer Reichweite nachgeladen werden. Im Inneren der Taycans zeigte sich das Cockpit in einer völlig neuen Architektur. Ein frei stehendes und gebogenes Kombiinstrument bildete den höchsten Punkt auf der Instrumententafel und betonte die Fahrerachse. Ein zentrales, 10,9 Zoll großes Infotainment-Display und ein weiteres optionales Display für den Beifahrer waren formschlüssig zu einem Glasband in Black-Panel-Optik zusammengefasst. Turbo und Turbo S waren ab Sommer 2021 bzw. Frühjahr 2022 auch als Cross Turismo bzw. als Sport Turismo erhältlich.

Ab Herbst 2019 war mit Taycan Turbo (rechts) und Taycan Turbo S (links) der erste rein elektrisch angetriebene Sportwagen von Porsche bestellbar.

Als neue Sonderausstattung gab es für die Taycan GTS ein Panoramadach mit Sunshine Control.

Als Turbo S feierte der Taycan seine Weltpremiere zeitgleich in Nordamerika, Europa und, wie hier zu sehen, in China.

Von Anfang an war der GTS auch in der Karosserievariante als Sport Turismo erhältlich.

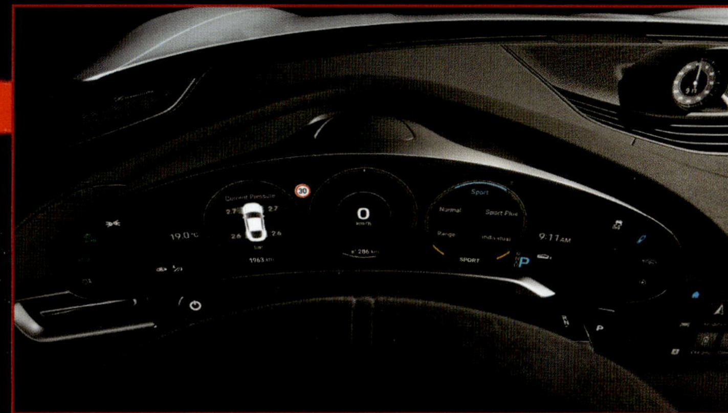

Markanter Akzent im Interieur: Das scheinbar frei stehende und gebogene Kombiinstrument.

Das Basis-Modell Cayenne kam erst ein Jahr nach Cayenne S und Turbo auf den Markt.

Zeitgleich mit dem Cayenne Turbo präsentierte Porsche im Herbst 2002 den Cayenne S.

Der Cayenne S machte auch im Gelände eine gute Figur.

Cockpit im Cayenne S des Modelljahrs 2003.

Auch in der Basisversion war der Cayenne über 200 km/h schnell.

Den Cayenne gab es zunächst nur mit der aufpreispflichtigen Tiptronic S.

Der 4,5-Liter-V8 im Cayenne S leistete 340 PS, das maximale Drehmoment betrug 420 Nm.

CAYENNE (E1)

Cayenne

Erst ein Jahr nach Cayenne S und Turbo kam im November 2003 auch das schlicht »Cayenne« genannte Basis-Modell des Porsche-SUVs auf den Markt. Der Cayenne war der erste Porsche, der mit einem Sechszylinder in V-Anordnung bestückt war. Der Langhuber basierte auf einem 3,2 Liter großen VW-Motor, war aber von Porsche gründlich überarbeitet und angemessen veredelt worden. So leistete er 250 PS und verfügte über ein maximales Drehmoment von 310 Nm, was für eine Beschleunigung von Null auf 100 in unter 10 Sekunden und eine Höchstgeschwindigkeit von deutlich über 200 km/h ausreichte. Serienmäßig gab es ein manuell zu schaltendes Sechsgang-Getriebe, doch bei der Markteinführung des Cayenne stand zunächst nur die als Sonderausstattung aufpreispflichtige Tiptronic S zur Verfügung. Interessantes Detail aus der Zubehörliste: Für alle Cayenne-Modelle gab es auf Wunsch eine elektrisch ausklappbare Anhängerkupplung.

Cayenne S

Mit dem Cayenne wagte sich der Sportwagenhersteller im Herbst 2002 auf bis dato unbekanntes Gelände. Das Sport Utility Vehicle (SUV), für einen Porsche von geradezu gigantischen Ausmaßen, wusste als Cayenne S mit Fahrleistungen zu glänzen, die eines Porsche durchaus würdig waren, machte aber dank einiger technischer Schmankerl wie beispielsweise dem Vierradantrieb Porsche Traction Management (PTM) oder dem Porsche Stability Management (PSM) auch im Gelände eine durchaus gute Figur. Ebenfalls porschetypisch waren die hochwirksamen Bremsen, die hervorragende passive Sicherheit und die hochwertige Ausstattung. Weniger porschetypisch dagegen vielleicht die zulässige Anhängelast von 3500 kg. Zur Markteinführung gab es den Cayenne S nur mit der Tiptronic S, die (serienmäßige!) Sechsgang-Handschaltung sollte erst Anfang 2004 lieferbar sein.

Der 3,2-Liter-V6 im Cayenne stammte aus dem VW-Regal und leistete im Porsche 250 PS.

CAYENNE (E1)

Cayenne Turbo

Der Cayenne Turbo, der zeitgleich mit dem Cayenne S auf den Markt kam, beeindruckte mit wahrhaft außergewöhnlichen Fahrleistungen: Welches andere Auto, mit dem man bis zu 3500 kg Anhängelast ziehen konnte, war schon 266 km/h schnell oder beschleunigte von Null auf 100 in 5,6 Sekunden? Möglich machte das der 4,5 Liter große V8 mit zwei Abgas-Turboladern mit Ladeluftkühlung, der 450 PS und ein maximales Drehmoment von 620 Nm für den rasanten Vortrieb zur Verfügung stellte. In der Turbo-Version war der Cayenne nur mit der Sechsgang-Tiptronic-S lieferbar. Luftfederung und Vierradantrieb mit Porsche Traction Management waren Serie, Fahrwerk und Bremsen des geländetauglichen Fahrzeugs an Kraft und Masse angepasst. Ab Modelljahr 2005 gab es den Porsche Cayenne Turbo auch mit Leistungssteigerung und dann 500 PS.

Kraftprotz: Der 4,5-Liter-V8-Biturbo im Cayenne Turbo leistete 450 PS.

Cayenne Turbo S

Mit dem Cayenne Turbo S stand ab Mitte März 2006 der weltweit leistungsstärkste »sportliche Geländewagen« (so der Porsche-Ausdruck für die SUVs aus Zuffenhausen) bei den Händlern. Satte 521 PS waren das Ergebnis einer Weiterentwicklung der Ladeluftkühler und einer Erhöhung des Ladedrucks bei dem 4,5 Liter großen V8-Biturbo, ein Plus von 71 PS gegenüber dem Cayenne Turbo. Der Zuwachs des maximalen Drehmoments lag sogar bei 100 Nm, es betrug im Turbo S 720 Nm. Damit war der Cayenne Turbo S nach dem Carrera GT das bis dato zweitstärkste jemals von Porsche gebaute Straßenfahrzeug. Luftfederung mit Niveauregulierung, PASM, ein verbessertes Bremssystem und eine Ausstattung, die fast alles, was gut und teuer war, schon serienmäßig beinhaltete, machten den Cayenne Turbo S wahrhaft zu einem Spitzenmodell nicht nur der Cayenne-Baureihe.

Mit dem Cayenne Turbo S präsentierte Porsche im Frühjahr 2006 ein neues Spitzenmodell der Baureihe.

Nicht nur im Interieur war der Turbo S mit fast allem ausgestattet, was gut und teuer war.

Mit 521 PS war der Cayenne Turbo S seinerzeit das zweitstärkste Fahrzeug, das Porsche je gebaut hatte.

Außer Frage stand eine gewisse Geländetauglichkeit des Cayenne Turbo.

Die maximale Anhängelast betrug 3500 kg.

Der V8-Motor im Cayenne S war von 4,5 auf 4,8 Liter angewachsen.

Auch im Cayenne Turbo war der Motor auf 4,8 Liter vergrößert worden, er leistete jetzt 500 PS.

Das Interieur des Cayenne Turbo S wurde dem Anspruch an ein Spitzenmodell durchaus gerecht.

CAYENNE (E1)

Im Sommer 2008 erschien dann mit dem Turbo S auch das Spitzenmodell der Cayenne-Baureihe modellgepflegt.

Cayenne (S)

Vier Jahre nach der Modelleinführung kam am 24. Februar 2007 eine kräftig überarbeitete Cayenne-Modellreihe zu den Porsche-Händlern. Alle neuen Cayenne verfügten über neue, stärkere Motoren mit Benzin-Direkteinspritzung, bei Porsche Direct Fuel Injection (DFI) genannt. Der Motor im Basis-Cayenne war von 3,2 auf 3,6 Liter angewachsen, der im Cayenne S von 4,5 auf 4,8 Liter. Serienmäßig verfügten jetzt alle Cayenne-Modelle über das Porsche Stability Management (PSM) mit Bremsassistent, weiterentwickelter Gespannstabilisierung und Offroad-ABS sowie über den Allrad-Antrieb mit Porsche Traction Management (PTM), mit dem über eine Lammelenkupplung je nach Bedarf bis zu 100 Prozent des Antriebsmoments nach vorn oder nach hinten geleitet werden konnten. Äußerlich erkennbar waren die neuen Porsche Cayenne vor allem an ihrer neu gestalteten Front mit vertikalen Tagfahrleuchten.

Cayenne Turbo

Der Cayenne Turbo als neues Spitzenmodell der facegelifteten Cayenne-Baureihe verfügte wie der Cayenne S über einen von 4,5 auf 4,8 Liter Hubraum vergrößerten Motor, der hier allerdings mit Biturbo-Aufladung jetzt 500 PS leistete und ein maximales Drehmoment von 700 Nm zur Verfügung stellte. Entsprechend souverän zeigte sich der Turbo denn auch in seinen Fahrleistungen. Serie war beim Turbo das Porsche Active Suspension Management PASM mit Luftfederung und Niveauregulierung, das für Cayenne und Cayenne S nur gegen Aufpreis lieferbar war. Bei allen drei Modellen nur optional erhältlich war dagegen das neue PDCC, eine Wankstabilisierung, die erstmals zusätzlich zum PASM erhältlich war. Das Communication Management PCM mit Bose®-Soundsystem und die Bi-Xenon-Scheinwerfer wiederum hatte der Turbo seinen beiden Schwester-Modellen in der Serienausstattung voraus. Ab dem Modelljahr 2008 gab es den Turbo auch wieder mit einer Leistungssteigerung, diesmal auf 540 PS.

Im Februar 2007 erschien der Cayenne nach einer Modellpflege kräftig überarbeitet.

Cayenne Turbo S

Im August 2008 präsentierte Porsche den Cayenne Turbo S in einer – selbstverständlich nochmals leistungsgesteigerten – Neuauflage: Der von einem Biturbo aufgeladene 4,8-Liter-V8 mobilisierte im neuen Spitzenmodell der dritten Porsche-Baureihe 550 PS. Äußerlich ließ er sich unter anderem an den 21-Zoll-Cayenne-SportPlus-Rädern erkennen sowie an den Sportendrohren in Vier-Rohr-Optik. Der neue Farbton Lavagraumetallic war zunächst ausschließlich dem Turbo S vorbehalten. Serienmäßig mit an Bord waren bei dem Neuen Luftfederung mit Niveauregulierung und Höhenverstellung inklusive PASM, die Wankstabilisierung PDCC und die geschwindigkeitsabhängige Servolenkung Servotronic. Zudem war der neue Cayenne Turbo S der erste unter den sportlichen Geländewagen von Porsche, den es – wenn auch nur gegen Aufpreis – mit der Hochleistungs-Keramikbremse PCCB gab.

Interieur im Basis-Cayenne nach der Modellpflege.

CAYENNE (E1)

Cayenne GTS

Im Februar 2008 kam der Cayenne GTS auf den Markt, dessen 4,8-Liter-V8-Saugmotor gegenüber dem Cayenne S in der Leistung nochmals um 20 auf 405 PS gesteigert worden war. Das Fahrwerk des GTS war um 24 mm tiefergelegt, und erstmals wurde im GTS auch bei einem Porsche-Geländewagen das aus den Sportwagen bekannte aktive Dämpfungssystem PASM (Porsche Active Suspension Management) mit Stahlfedern eingebaut. Luftfederung und Wankausgleich gab es nur gegen Aufpreis. Serienmäßig verfügte der GTS über ein Sechsgang-Schaltgetriebe, eine verkürzte Achsübersetzung sorgte für eine um 0,5 Sekunden bessere Beschleunigung von 0 auf 100 km/h als beim Cayenne S. Bug und Heckpartie des mit 21-Zoll-Rädern bestückten GTS entsprachen denen des Cayenne Turbo, zwei neue Lackfarben waren exklusiv dem GTS vorbehalten: GTS-Rot und Nordischgold-Metallic.

Ab Ende Mai 2009 bot Porsche den Cayenne GTS in einer auf 1000 Exemplare limitierten besonders exklusiven Version an: Der Cayenne GTS Porsche Design Edition 3 kam ausschließlich in Lavagraumetallic daher, war aber dank erheblich weniger dezenten Designstreifen an den Flanken und auf der Motorhaube auf den ersten Blick als etwas Besonderes zu erkennen. Serienmäßig verfügte der Design-GTS über die Sechsgang-Tiptronic-S, Bi-Xenon-Scheinwerfer und eine sogenannte »Privacy«-Verglasung ab der B-Säule. Exklusivität atmete auch der Innenraum: Schwarzes Lederinterieur, zum Teil mit roten Kontrastnähten abgesetzt, elektrisch verstellbare Sportsitze mit Memory-Funktion und eine Bose®-Surround-Anlage gehörten zur Serienausstattung. Und dazu gab es für den stolzen Besitzer noch einen Automatik-Chronographen mit einem Titangehäuse in Wagenfarbe und speziell gestaltetem Zifferblatt.

Ab Februar 2008 gab es den Cayenne auch als GTS.

Der 4,8-Liter-V8 im GTS leistete 405 PS, das Fahrwerk war um 24 mm tiefergelegt.

Cayenne S »Transsyberia«

2006 hatte ein Porsche Cayenne die Rallye Transsyberia gewonnen. 2007 und 2008 hatte Porsche daraufhin mit dem in Kleinstserien gefertigten Cayenne S Transsyberia Fahrzeuge im Kundensportprogramm angeboten, die speziell auf die Anforderungen dieser Langstreckenrallye zugeschnitten waren. Und nach den Erfolgen, die diese Autos bei der Transsyberia erzielten, bot Porsche ab Januar 2009 auch in seinem regulären Programm einen Cayenne S Transsyberia an. Der verfügte über den 405 PS starken Motor aus dem GTS, basierte aber ansonsten auf dem Cayenne S. Ein Highlight dieses speziellen SUVs war sicher sein an das Wettbewerbsfahrzeug angelehnte Design, das in vier Farbkombinationen erhältlich war. Die charakteristischen Offroad-Dachscheinwerfer gab es ohne Aufpreis, sie wurden aber nur beigelegt, denn in Deutschland waren sie nur abseits öffentlicher Straßen zugelassen.

Cayenne Diesel

Mit der Einführung des Cayenne hatte Porsche im Herbst 2002 ohnehin Neuland betreten, ein Sport Utility Vehicle war damals nicht unbedingt das, was man aus Zuffenhausen erwartet hätte. Aber wenn schon, denn schon, mag man sich bei den Schwaben gedacht haben, und so spendierten sie dem sportlichen Geländewagen ab Februar 2009 einen Drei-Liter-Turbodiesel aus dem Audi-Regal. Der – selbstredend von Porsche überarbeitete – V6 leistete im Cayenne 240 PS und verfügte über ein maximales Drehmoment von ordentlichen 550 Nm, das bereits bei 2000 Umdrehungen anlag. Laut Porsche sollte das für beruhigende Souveränität, sportliche Dynamik und herstellertypische Fahrfreude ausreichen. Und das bei einem (relativ) umweltfreundlichen Verbrauch von 9,3 Litern Diesel. Den Cayenne Diesel gab es ausschließlich mit der Sechsgang-Tiptronic-S. Schon im Juni 2009 erhielt der Cayenne Diesel den Titel »Firmenauto des Jahres 2009« in der Kategorie Maxi-SUV/Geländewagen.

Cayenne GTS in der auf 1000 Exemplare limitierten Design Edition 3 von 2009.

Die serienmäßigen Offroad-Dachscheinwerfer des Transsyberia waren in Deutschland verboten.

Der Cayenne Diesel kam mit einem von Porsche überarbeiteten Dreiliter-Turbodiesel aus dem Audi-Regal.

Transsyberia: Im Wesentlichen ein Cayenne S mit GTS-Motor.

Frühjahr 2014: Auftritt Cayenne Platinum Edition.

Die Modellpflege wurde dem Basis-Cayenne erst Anfang 2015 zuteil.

Im Frühjahr 2010 erschien der Cayenne in der zweiten Generation.

CAYENNE (E2)

Cayenne (S)

Im April 2010 präsentierte Porsche die zweite Generation des Cayenne, die einen Monat später zu den Händlern kam. Ganz oben im Lastenheft für die Neuen hatten mehr Leistung bei geringerem Verbrauch, mehr Effizienz und weniger CO_2-Emissionen gestanden. So waren die neuen Modelle stärker und gleichzeitig sparsamer als ihre Vorgänger, sie waren sogar ein klein wenig größer und trotzdem um einiges leichter geworden. Zur Verbrauchsreduzierung trug neben der Gewichtseinsparung vor allem auch die (im Basismodell nur optional erhältliche) neue Achtgang-Tiptronic-S bei, die mit einer Start-Stopp-Automatik gekoppelt war. Beim Basis-Cayenne mit Tiptronic betrug die Kraftstoffeinsparung gegenüber dem schwächeren Vorgängermodell immerhin 20 Prozent. Alle Modelle der zweiten Cayenne-Generation wiesen ein komplett neues Design auf, das sie optisch noch enger in die Porsche-Familie einbinden und den Sportwagen-Charakter der SUVs noch stärker betonen sollte. Die zweite Cayenne-Modellreihe gab es ab Frühjahr 2014 auch in einer Platinum-Edition mit besserer Ausstattung.

Im Herbst 2014 kam der Cayenne S nach einer Modellpflege mit einem komplett neuen Motor: Statt des 4,8-Liter-V8-Saugers aus dem Vorgänger werkelte nun ein 3,6 Liter großer V6 mit Biturbo unter der Motorhaube. Er brachte es auf 420 PS, immerhin 20 mehr als im Vorgängermodell, und auch das Drehmoment war nochmals um 50 auf 550 Nm gestiegen. Downsizing, Turboeinsatz und weitere Maßnahmen zur Effizienzsteigerung führten auch beim Cayenne S zu einer neuerlichen Verbrauchsreduzierung, laut Werk gab sich das SUV mit unter zehn Litern auf hundert Kilometer zufrieden. Das Basismodell des modellgepflegten Cayenne kam erst im Februar 2015 auf den Markt, es verfügte über den Motor des Vorgängers, kam aber serienmäßig jetzt mit der Tiptronic und umfangreicherer Ausstattung, zu der unter anderem Bi-Xenon-Scheinwerfer gehörten. Der Cayenne S war ab Frühjahr 2017 auch in einer besonders edel ausgestatteten Platinum-Edition erhältlich.

Der Cayenne S der zweiten Generation kam ab Werk mit der neuen Achtgang-Tiptronic-S.

In der Platinum Edition gab es den Cayenne S erst ab Frühjahr 2017.

Die Modellpflege im Herbst 2014 brachte dem Cayenne S einen 3,6-Liter-Biturbo statt des zuvor verbauten 4,8-Liter-Saugmotors.

CAYENNE (E2)

Cayenne Turbo (S)

Auch beim Cayenne Turbo der zweiten Generation hatten die Porsche-Ingenieure den Verbrauch deutlich senken können: Mit 11,5 Litern auf 100 Kilometer (NEFZ) begnügte sich der 500 PS starke 4,8-Liter-Biturbo mit 23 Prozent weniger Sprit als das Vorgängermodell. Durch die gemeinsame Konstruktion der V8-Motoren für Cayenne S und Cayenne Turbo konnten besonders viele Gleichteile beim Saug- und Turbomotor verwendet werden. Beide verfügten denn auch über die gleichen neuen Technologien zur Verbrauchsreduzierung, darunter variable Schubabschaltung, Bordnetz-Rekuperation, Thermomanagement und Auto-Start-Stopp-Funktion. Im Innenraum konnten es sich Fahrer und Beifahrer auf (nur im Turbo) serienmäßig verbauten, in 18 Positionen verstellbaren adaptiven Sportsitzen mit Komfort-Memory-Paket bequem machen. Sie passten sich durch verstellbare Luftkissen in den Seitenwangen genau an die Kontur des »Besitzers« an. Ab Modelljahr 2012 gab es den Turbo auch leistungsgesteigert mit 540 PS.

Anfang 2013 kam mit dem Cayenne Turbo S auch das Spitzenmodell der Cayenne-Baureihe in der zweiten Generation auf den Markt. Wie schon sein Vorgänger verteidigte er seine Position als Platzhirsch mit stolzen 550 PS, die er aus dem 4,8-Liter-V8 mit Biturbo schöpfte. Konsequent auf maximale Fahrdynamik ausgerichtet, verfügte der Turbo S serienmäßig über alle relevanten Regelsysteme, darunter Luftfederung und aktive Dämpfungsregelung PASM, die Porsche Dynamic Chassis Control (PDCC), die die Wankneigung in Kurven nahezu vollständig eliminierte, und das Porsche Torque Vectoring Plus (PTV Plus), das für eine verbesserte Traktion und damit mehr Agilität in jeder Fahrsituation sorgte. Zudem verfügte der neue Cayenne Turbo S serienmäßig auch über das Sport-Chrono-Paket. Exterieur und Ausstattung des Turbo S wurden dem hohen Anspruch an ein Spitzenmodell ebenfalls gerecht, so gab es exklusiv im Turbo S eigens entworfene Bi-Color-Lederausstattungen.

Auch den Cayenne Turbo gab es ab Herbst 2014 modellgepflegt und mit überarbeitetem Antrieb. Nicht nur ein Leistungsplus von 20 PS gegenüber dem Vorgänger untermauerte seine Führungsposition in der Cayenne-Baureihe, auch die Serienausstattung war standesgemäß und umfasste beispielsweise Luftfederung, LED-Hauptscheinwerfer und das Porsche Dynamic Light System PDLS. Es ging aber auch immer noch ein kleines bisschen besser: Das wahre Spitzenmodell unter den Cayenne, der neue Turbo S, erschien modellgepflegt im Frühjahr 2015. Er zeichnete sich vor allem durch ein neues Lader-Konzept mit in die Auspuffkrümmer integrierten Turboladern aus. Die 570 PS aus seinem zwangsbeatmeten 4,8-Liter-V8 verhalfen ihm im Zusammenspiel mit dem auf maximale Fahrdynamik ausgelegten Fahrwerk zu Spitzenleistungen, die so manchen reinrassigen Sportwagen neben diesem SUV alt aussehen ließen. Spitzenmäßig auch die Serienausstattung des Turbo S, die sogar die Keramikbremsanlage PCCB (zum Preis eines Kleinwagens) einschloss.

23 Prozent weniger Sprit als der Vorgänger verlangte der Cayenne Turbo der zweiten Generation.

Interieur Cayenne Turbo S 2013.

Nach der Modellpflege im Frühjahr 2015 verfügte der Turbo S über 570 PS.

Die Modellpflege im Herbst 2014 brachte dem Cayenne Turbo 20 Mehr-PS.

Der Cayenne Turbo verfügte über eine serienmäßige Luftfederung mit Niveauregulierung.

Der Cayenne Turbo S der zweiten Generation erschien 2013.

Die Gesamtsystemleistung des Plug-in-Hybriden Cayenne S E-Hybrid lag bei 416 PS.

Der im Herbst 2014 präsentierte Cayenne S E-Hybrid war das erste SUV im Premiumsegment mit Plug-in-Hybridantrieb.

Der Cayenne S Hybrid war das erste Serienfahrzeug von Porsche mit Hybrid-Antrieb.

Die Systemleistung des Cayenne S Hybrid betrug 380 PS.

Cayenne S Hybrid

Mit dem Cayenne S Hybrid brachte Porsche 2010 erstmals ein Serienfahrzeug mit Hybrid-Antrieb auf den Markt. Im Vordergrund der Entwicklung hatte die größtmögliche Effizienz des aus einem Dreiliter-Kompressormotor und einer Elektromaschine bestehenden Antriebssystems gestanden. Die Systemleistung des Parallel-Vollhybrids betrug 380 PS, 47 PS lieferte der Elektromotor, 333 der Kompressormotor. Zusammen wuchteten die beiden Komponenten ein maximales Drehmoment von 580 Nm auf die Kurbelwelle, und das bereits ab 1000 Umdrehungen pro Minute. Daraus ergaben sich Fahrleistungen auf dem Niveau des Cayenne S mit V8-Triebwerk. Bei moderater Fahrweise ließ sich das Hybrid-SUV bis 60 km/h sogar für eine Weile rein elektrisch fahren. Bei normaler Fahrt und beim Bremsen gewonnene elektrische Energie wurde in einer 288-Volt-Batterie unter dem Kofferraumboden gespeichert.

Cayenne S E-Hybrid

Als Weltneuheit präsentierte Porsche im Rahmen seiner Cayenne-Modellpflege im Herbst 2014 mit dem Cayenne S E-Hybrid das erste SUV im Premiumsegment mit Plug-in-Hybridantrieb. Der Parallel-Vollhybrid verfügte über eine Gesamtsystemleistung von 416 PS, die aus einem aufgeladenen Dreiliter-V6 und einer Synchron-Elektromaschine stammten, das Drehmoment summierte sich auf 590 Nm. Äußere Erkennungsmerkmale des Hybriden waren die Bremssättel in acidgreen sowie entsprechend hinterlegte Schriftzüge. Auch die Zeiger der Instrumente im Cockpit waren in dieser Farbe ausgeführt. Der Cayenne S E-Hybrid hatte eine Lithium-Ionen-Antriebsbatterie mit 10,8 kWh, die ein rein elektrisches Fahren über eine Strecke von bis zu 36 Kilometern erlaubte. Die Leistung der Elektromaschine betrug 95 PS, der Gesamtverbrauch war mit nur noch 3,4 Litern auf 100 Kilometer angegeben. Den Cayenne S E-Hybrid gab es ab Mitte 2016 auch in einer Platinum-Version mit besserer Ausstattung.

Interieur Cayenne S E-Hybrid Platinum Edition.

Im Sommer 2016 gab es den Cayenne S E-Hybrid auch in einer Platinum Edition.

CAYENNE (E2)

Cayenne (S) Diesel

Herzstück des ab Mitte 2010 erhältlichen Cayenne Diesels der zweiten Generation war der in wesentlichen Punkten überarbeitete Dreiliter-Selbstzünder aus dem Vorgänger, dessen Verbrauch von 9,3 auf 7,4 Liter pro 100 Kilometer reduziert werden konnte. Im Frühjahr 2011 wurde der Dreiliter-Diesel überarbeitet, 245 PS (plus 5) und ein um nochmals 0,2 Liter geringerer Verbrauch waren das Ergebnis. Wie die anderen neuen Modelle wies auch der Cayenne Diesel eine neue, porschetypische Scheinwerfergrafik mit innenliegenden Zusatzscheinwerfern auf. Mit dem Cayenne S Diesel präsentierte Porsche im Herbst 2012 ein neues Diesel-Topmodell der Cayenne-Baureihe. 850 Nm stemmte der 4,2 Liter große Biturbo-V8 auf die Kurbelwelle. Optisch war der Cayenne S Diesel unter anderem an den schwarzen Lamellen im Bug oder an den silberfarbenen Bremssätteln als vollwertiges Mitglied der V8-Familie erkennbar. Angesichts seiner schier unerschöpflichen Kraftreserven war dieses doch so sportlich ausgelegte SUV allerdings auch bestens als Zugfahrzeug geeignet: Bis zu 3,5 Tonnen Anhängelast ließen sich selbst durch schwieriges Terrain manövrieren.

Im Modelljahr 2014 unterzog Porsche die Cayenne-Baureihe einer Modellpflege, und natürlich hatte der wichtigste Eintrag im Lastenheft einmal mehr ein Plus an Leistung und Drehmoment bei geringerem Verbrauch gefordert. Cayenne Diesel und Cayenne S Diesel, beide ab Herbst 2014 erhältlich, leisteten denn auch nunmehr 262 bzw. 385 PS, zudem war das Drehmoment des kleineren Diesels auf 580 Nm angehoben worden. Äußerlich wiesen die modellgepflegten Cayenne vor allem am Heck deutliche Unterscheidungsmerkmale zu ihren Vorgängern auf: flachere Heckleuchten, viergliedrige Bremsleuchten, eine Heckklappe, die die Form der Heckleuchten aufgriff, und neu gestaltete, in das untere Heckteil integrierte Auspuffendrohre sorgten dafür, dass die neuen noch satter auf der Straße zu stehen schienen. Den Cayenne Diesel gab es ab Mitte 2016, den Cayenne S Diesel ab Frühjahr 2017 auch in einer Platinum-Version mit besserer Ausstattung.

Der Cayenne Diesel der zweiten Generation verbrauchte fast zwei Liter weniger Sprit als sein Vorgänger.

Äußerlich ließen sich die modellgepflegten Cayenne ab Modelljahr 2014 unter anderem an den neu gestalteten Heckleuchten erkennen.

Interieur des Cayenne Diesel von 2010.

Das Leistungsplus, das dem S Diesel im Zuge der Modellpflege zuteilwurde, fiel mit drei PS (jetzt 385 PS) gegenüber dem Vorgänger doch eher bescheiden aus.

2012 präsentierte Porsche den Cayenne S Diesel mit 4,2-Liter-V8-Biturbo.

Die Modellpflege im Modelljahr 2014 brachte dem Cayenne Diesel einen Leistungsanstieg auf 262 PS.

Cayenne S Diesel in der Platinum Edition von 2017.

Die Modellpflege bescherte dem GTS 2015 einen 3,6-Liter-V6-Biturbo mit 440 PS und 600 Nm.

Den Cayenne GTS der zweiten Generation präsentierte Porsche im Sommer 2012.

Für den GTS hatten die Ingenieure aus dem 4,8-Liter-V8-Sauger des Cayenne S 20 zusätzliche PS gekitzelt.

CAYENNE (E2)

Cayenne GTS

Als den »Sportwagen unter den SUVs« präsentierte Porsche im Sommer 2012 den Cayenne GTS. Für den Einsatz im GTS war der 4,8-Liter-Saugmotor aus dem Cayenne S nochmals überarbeitet und in der Leistung um 20 auf 420 PS gesteigert worden, auch das maximale Drehmoment konnte nochmals um 15 auf 515 Nm angehoben werden. Auch die serienmäßige Tiptronic war zur Unterstreichung des sportlichen Charakters des GTS angepasst worden, die Schaltvorgänge liefen noch einen Tick schneller ab. Für eine bessere Beschleunigung hatte man die Übersetzung an den Achsen verkürzt, das Fahrwerk mit der tiefergelegten Karosserie war komplett neu abgestimmt. Die optional erhältliche Luftfederung ermöglichte fünf verschiedene Höhenniveaus, die jedoch allesamt speziell auf den GTS zugeschnitten waren und sich deutlich von denen eines entsprechend ausgestatteten Cayenne S unterschieden. Im Innenraum verfügte der GTS über ein exklusives Ambiente mit serienmäßigen Sportsitzen.

Ende Februar 2015 kam auch der GTS der zweiten Generation modellgepflegt auf den Markt. GTS, das heißt bei Porsche stets auch von besonders sportlichem Charakter. Gerecht wurde der neue diesem Anspruch vor allem dank seines 3,6 Liter großen V6 mit Biturbo, der schon den Cayenne S antrieb, für den GTS aber nochmals in der Leistung optimiert worden war. Daneben hatten die Zuffenhausener aber auch die Effizienz noch weiter steigern können, im Vergleich zum Vorgänger brauchte der neue GTS fast einen ganzen Liter weniger Sprit auf 100 Kilometer. Ein speziell abgestimmtes Fahrwerk trug das Seine zum betont sportlichen Charakter des GTS bei, der sich schlussendlich auch in diversen Design-Merkmalen wie dem Turbo-Bugteil mit den großen Lufteinlässen, stärker konturierten Seitenschwellern oder breiteren Radhäusern manifestierte.

Ein speziell abgestimmtes Fahrwerk unterstrich den sportlichen Charakter des GTS.

GTS-Interieur mit sportlich-edlem Charakter.

Interieur des modellgepflegten Cayenne GTS der zweiten Generation.

CAYENNE (E3)

Cayenne (S)

Im Herbst 2017 präsentierte Porsche die dritte Generation des Erfolgs-SUVs Cayenne. Komplett neu entwickelt, waren die neuen Modelle der Baureihe bei gleichem Radstand um 63 mm länger geworden, gleichzeitig hatte die Dachhöhe um 9 mm abgenommen: Der neue Cayenne erschien elegant-gestreckt, und auch das Kofferraumvolumen war um 100 auf 770 Liter nochmals deutlich gewachsen. Um 40 PS gegenüber dem Vorgänger erstarkt, leistete der Dreiliter-Turbo im Basis-Cayenne jetzt 340 PS, der 2,9-Liter-Biturbo im Cayenne S brachte es auf 440 PS, ein Plus von 20 PS. Damit schaffte der Cayenne eine Spitzengeschwindigkeit von 245 km/h, der Cayenne S war 20 km/h schneller. Die Kraftübertragung übernahm eine neue Achtgang-Tiptronic-S mit sportlicherer Übersetzung in den unteren Gängen und einer langen Übersetzung im achten Gang. Erstmals war der Cayenne in der dritten Generation ganz im Stil eines Sportwagens auch mit Mischbereifung und Hinterachslenkung zu haben. Zusätzlich sollten ein serienmäßiger aktiver Allradantrieb und die Porsche-4D-Chassis-Control sowie optional eine Dreikammer-Luftfederung und die elektrische Wankstabilisierung Porsche Dynamic Chassis Control (PDCC) die Onroad-Fähigkeiten verbessern. Die Offroad-Tauglichkeit des Porsche-SUVs blieb dabei nach Angaben aus Zuffenhausen uneingeschränkt erhalten. Der neue Cayenne war im Vergleich zum Vorgänger um bis zu 65 Kilogramm leichter geworden, und das trotz deutlich erweiterter Serienausstattung, zu der unter anderem LED-Hauptscheinwerfer, größere Räder, ein Park-Assistent vorne und hinten, ein LTE-Telefonmodul inklusive WLAN-Hotspot, Porsche Connect-Dienste und ein vorausschauender Fußgängerschutz zählten. Das ebenfalls serienmäßige Porsche Connect Plus ermöglichte den Zugriff auf Online-Dienste und das Internet inklusive Online-Navigation mit Echtzeit-Verkehrsinformation.

Im Frühjahr 2019 kamen Cayenne und Cayenne S dann kurz nacheinander auch als Coupé in einer zweiten Karosserieform auf den Markt. Wesentliche Merkmale der Coupés waren unter anderem eine geschärfte Form mit deutlich schneller nach hinten abfallender Dachlinie, vollkommen eigenständiger Heckpartie, ein adaptiver Heckspoiler, Einzelsitz-Charakteristik im Fond und zwei verschiedene Dachkonzepte – ein serienmäßiges Panorama-Festglasdach sowie ein optionales Carbondach. Ein fester Dachkantenspoiler wurde bei jedem Cayenne Coupé-Modell mit einem neuen, in die Silhouette integrierten adaptiven Heckspoiler kombiniert, der ab einer Geschwindigkeit von 90 km/h um 135 mm ausfuhr und so den Anpressdruck auf der Hinterachse erhöhte. Die serienmäßig in den Coupés verbaute Rückbank mit Einzelsitz-Charakteristik konnte auf Wunsch ohne Aufpreis durch die aus dem Cayenne bekannte Komfort-Fondsitzanlage ersetzt werden. Das Kofferraumvolumen der Coupés betrug 625 Liter und wuchs bei umgeklappten Rücksitzen auf 1540 Liter. Zur umfangreichen Serienausstattung zählten die geschwindigkeitsabhängige Servolenkung Plus, 20-Zoll-Leichtmetallräder, der Park Assistent vorn und hinten inklusive Rückfahrkamera, das Porsche Active Suspension Management (PASM) sowie das Sport Chrono-Paket.

Anfang 2022 brachte Porsche Cayenne und Cayenne S auch in einer durch exklusive Design-Elemente und eine erweiterte Serienausstattung aufgewerteten Platinum Edition heraus.

Interieur Cayenne S im Modelljahr 2018.

Länger und flacher als die Vorgänger erschien der Cayenne der dritten Generation im Herbst 2017.

Eine exklusive Platinum Edition des Cayenne war Anfang 2022 erhältlich.

Cayenne Coupé mit dem optional erhältlichen Carbondach.

Der 2,9-Liter-Biturbo im neuen Cayenne S brachte es auf 440 PS.

Im Frühjahr 2019 erschien der Cayenne in einer neuen Karosserieform als Coupé.

Sportwagen, Geländegänger, Familienkutsche und Komfortsänfte: Im Cayenne Turbo vereinte Porsche einmal mehr Gegensätzliches.

Interieur des Cayenne Turbo von 2017.

Erster Vertreter der dritten Cayenne-Generation: Cayenne Turbo von 2017.

Die Coupé-Variante des Cayenne Turbo war noch schnittiger gezeichnet.

CAYENNE (E3)

Cayenne Turbo

Mit dem Cayenne Turbo feierte der erste Cayenne der dritten Generation auf der IAA 2017 seine Weltpremiere, und wie bei Porsche so üblich, sollte auch das vollkommen neu entwickelte Topmodell der dritten Cayenne-Generation die Messlatte für sportliche Performance in seinem Segment nochmals ein Stückchen höher legen. Dazu trug der Vierliter-V8-Biturbo-Motor bei, der jetzt 550 PS leistete, 30 mehr als das Vorgängermodell. Darüber hinaus sollten eine aktive Aerodynamik inklusive Dachspoiler, die geregelte Dreikammer-Luftfederung, Mischbereifung und eine neuen Hochleistungsbremse für gesteigerte Fahrdynamik sorgen, mit zusätzlichen Optionen wie der Hinterachslenkung oder der elektrischen Wankstabilisierung mit 48-Volt-System versprach Porsche für das SUV sogar die Fahreigenschaften eines echten Sportwagens. Der neue Cayenne Turbo beschleunigte in 4,1 Sekunden (3,9 Sekunden mit Sport-Chrono-Paket) von null auf 100 km/h und erreichte eine Höchstgeschwindigkeit von 286 km/h. Als erstes SUV verfügte der neue Cayenne Turbo über einen adaptiven Dachspoiler, der je nach Stellung die Effizienz optimierte, den Anpressdruck auf der Hinterachse erhöhte oder den Bremsweg aus höheren Geschwindigkeiten um bis zu zwei Meter verkürzte.

Optisch unterschied sich der Cayenne Turbo von seinen Brüdern unter anderem durch ein exklusives Bugteil und die LED-Hauptscheinwerfer des Porsche Dynamic Light System (PDLS), nachts war er an den zweireihigen Bugleuchten zu erkennen. Eindeutiges Merkmal am Heck waren die Turbo-spezifischen Doppelendrohre. Auch das Interieur zeigte sich komplett neu und sollte gleichzeitig mehr Sportlichkeit und mehr Komfort gewährleisten. Zur Serienausstattung des Cayenne Turbo gehörten unter anderem ein BOSE®-Surround-Sound-System mit 710 Watt sowie ein Multifunktions-Sportlenkrad in exklusivem Turbo-Design und Sitzplätze, die allesamt beheizbar waren. Auch den Cayenne Turbo gab es ab Frühjahr 2019 in einer Coupé-Version.

Innenleben des Cayenne Turbo Coupés mit serienmäßigem Panorama-Festglasdach.

Markante Doppel-Endrohre als Turbo-typisches Merkmal am Heck.

CAYENNE (E3)

Cayenne E-Hybrid

Ende Mai 2018 kam der neue Cayenne auch als E-Hybrid auf den Markt. Ein Dreiliter-V6 mit 340 PS und eine Elektromotor mit 136 PS generierten im E-Hybrid zusammen eine Systemleistung von 462 PS. Enormen Schub versprach ein Drehmoment von 700 Nm, das bereits knapp über Leerlaufdrehzahl anlag und über das ganze Drehzahlband hinweg abgerufen werden konnte. Dafür sorgte die vom Supersportwagen 918 Spyder abgeleitete Boost-Strategie, die sicherstellte, dass die elektrische Maschine in allen Fahrmodi des serienmäßigen Sport-Chrono-Pakets für einen zusätzlichen Leistungsschub genutzt werden konnte. Was nichts anderes bedeutete, als dass unmittelbar ab Betätigung des Gaspedals das maximale Systemdrehmoment bereitstand. Für die Beschleunigung von null auf 100 km/h benötigte der Neue denn auch nur 5,0 Sekunden, der Vortrieb endete erst bei 253 km/h.

Die Batteriekapazität im neuen Cayenne E-Hybrid war im Vergleich zu der des Vorgängers um rund 30 Prozent von 10,8 auf 14,1 kWh angehoben worden. Damit betrug die rein elektrische Reichweite bis zu 44 Kilometer, die dabei erreichbare Höchstgeschwindigkeit lag bei 135 km/h. Im Herbst 2020 erhöhte Porsche die Kapazität ein weiteres Mal, sie betrug fortan 17,9 kWh, genug für eine Reichweite auch nach WLTP von bis zu 48 km und damit für ein E-Kennzeichen.

Der Cayenne E-Hybrid verfügte dank des komplett neu entwickelten Fahrwerks über die gleiche Sportwagen-Fahrdynamik wie alle Modelle der neuen Cayenne-Generation, das Porsche Active Suspension Management (PASM) war serienmäßig an Bord, optional standen darüber hinaus die elektrische Wankstabilisierung Porsche Dynamic Chassis Control (PDCC) und eine Anhängezugvorrichtung für Lasten bis 3,5 Tonnen zur Verfügung. Premiere auf der Optionsliste des E-Hybrid feierte unter anderem auch ein Head-up-Display, das förderhin auch in allen anderen Cayenne-Modellen aufpreispflichtig zur Verfügung stand. Ab Sommer 2019 gab es den Cayenne E-Hybrid auch in der Coupé-Variante und ab Anfang 2022 in der besonders edel ausgestatteten Platinum Edition.

Im Mai 2018 erschien der Cayenne E-Hybrid der dritten Cayenne-Generation.

Interieur des Cayenne E-Hybrid.

Cayenne Turbo S E-Hybrid

Einen Plug-in-Hybrid als neues Topmodell der Cayenne-Baureihe präsentierte Porsche im August 2019 mit dem Cayenne Turbo S E-Hybrid, den es von Anfang an auch mit der Coupé-Karosserie gab. Top waren denn auch die Leistungsdaten des Neuen: Ein Vierliter-V8 mit 550 PS und ein in die Achtgang-Tiptronic-S integrierter Elektromotor mit 136 PS ergaben im Zusammenspiel eine Systemleistung von 680 PS. Wie beim Cayenne E-Hybrid stand auch hier das maximale Drehmoment bereits knapp über Leerlausdrehzahl zur Verfügung, es lag mit 900 Nm aber nochmals deutlich höher als bei jenem. Den Sprint von Null auf 100 km/h schaffte der Turbo S E-Hybrid in 3,8 Sekunden, die Höchstgeschwindigkeit betrug 295 km/h. Bis zu 40 Kilometer weit fuhr er dank der 14,1-kWh-Batterie aber auch rein elektrisch und damit lokal emissionsfrei. Im Herbst 2020 wurde die Kapazität der Batterie auf 17,9 kWh erhöht, womit der Turbo S E-Hybrid rein elektrisch nach WLTP zu 42 km weit kam, was auch ihn seinerzeit zum Tragen eines E-Kennzeichens berechtigte.

Interieur des Cayenne Turbo S E-Hybrid.

462 PS und ein Drehmoment von 700 Nm sorgten im Cayenne E-Hybrid für sportliche Fahrleistungen.

Neues Topmodell im Sommer 2019: Cayenne Turbo S E-Hybrid.

Den Cayenne Turbo S E-Hybrid gab es von Anfang an in den Karosserieformen Cayenne und Cayenne Coupé.

460 PS reichten im Cayenne GTS Coupé für eine Höchstgeschwindigkeit von 270 km/h.

Cayenne Turbo GT hieß ab Herbst 2021 der neue Spitzensportler unter den großen Porsche-SUVs.

Nochmals 25 mm größer als beim Turbo war die Spoilerlippe am adaptiv ausfahrenden Heckspoiler des Turbo GT.

CAYENNE (E3)

Jetzt wieder mit V8: Cayenne GTS in der dritten Generation.

Interieur des nur als Coupé erhältlichen Cayenne Turbo GT.

Interieur des Cayenne GTS.

Cayenne GTS

»Jetzt wieder mit Achtzylinder« hatte in der Überschrift der Porsche-Pressemitteilung gestanden, mit der die Zuffenhausener im Sommer 2020 den Cayenne GTS der dritten Generation vorstellten. Nach dem 4,8-Liter-Saugmotor der ersten Generation und dem 3,6-Liter-V6-Biturbo der zweiten versprach nun wieder ein V8-Biturbo mit einem Hubraum von jetzt 3996 ccm sportliche Fahrleistungen im GTS, der von Anfang an auch als Coupé zu haben war. 460 PS und 620 Nm Drehmoment sorgten denn auch in allen Disziplinen für deutlich verbesserte Fahrleistungen: Der Sprint von Null auf 100 km/h gelang mit Sport Chrono-Paket in 4,5 Sekunden, die Höchstgeschwindigkeit betrug 270 km/h. Wert hatten die Ingenieure aber auch auf Effizienz gelegt, zu der unter anderem das speziell abgestimmte Achtgang-Automatikgetriebe Tiptronic S, die adaptive Zylinderabschaltung, die Benzindirekteinspritzung und ein ausgeklügeltes Thermomanagement beitrugen. Nach NEFZ verbrauchte ein GTS so etwa 11,2 bis 11,4 Liter auf 100 km: Für einen V8 mit 460 PS sicherlich effizient, aber wirklich klimaschonend konnte ein SUV dieser Kategorie eben nicht.

Die Fahrwerksabstimmung der neuen Cayenne-GTS-Modelle war ganz auf herausragende Querdynamik ausgelegt. Zur Serienausstattung gehörte ein Stahlfederfahrwerk inklusive der aktiven Dämpferregelung Porsche Active Suspension Management (PASM) mit Tieferlegung um 20 Millimeter, und auch das Porsche Torque Vectoring Plus (PTV Plus) gehörte zur Serienausstattung. Optional waren darüber hinaus unter anderem die Dreikammer-Luftfederung mit zehn Millimeter Tieferlegung, die Hinterachslenkung und die aktive Wankstabilisierung Porsche Dynamic Chassis Control (PDCC) verfügbar.

Das serienmäßige Sport-Design-Paket machte den GTS in Kombination mit zahlreichen schwarzen Akzenten unverwechselbar, grundsätzlich in Schwarz gehalten waren beispielsweise die vorderen Lufteinlässe, die Seitenscheibenleisten, die Endrohre der Sportabgasanalage und der Modell- bzw. der Porsche-Schriftzug am Heck. Im Inneren sorgten Alcantara® und dunkel gebürstetes Aluminium für sportlich-elegantes GTS-Flair.

Cayenne Turbo GT

Ein neuer Spitzensportler der Cayenne-Baureihe rollte im Herbst 2021 mit dem Cayenne Turbo GT auf die Bühne. Konsequent auf maximale Längs- und Querperformance abgestimmt, leistete der Vierliter-V8-Biturbo 640 PS, 90 mehr als im Cayenne Turbo, das maximale Drehmoment war im Vergleich zum Turbo beim Turbo GT um 80 auf 850 Nm angehoben worden. Das reichte für einen Standardsprint in 3,3 Sekunden, die Höchstgeschwindigkeit lag bei 300 km/h.

Der ausschließlich als viersitziges Coupé erhältliche Cayenne Turbo GT war schon ab Werk mit allen verfügbaren Fahrwerksystemen und speziell für ihn entwickelten Performance-Reifen ausgestattet. Antrieb und Fahrwerk ergänzten sich so zu einem Gesamtpaket mit exzellenten Rundstrecken-Eigenschaften: Auf der Nürburgring-Nordschleife stellte der Turbo GT mit 7:38,9 Minuten einen neuen offiziellen SUV-Rekord auf.

Erkennen ließ sich der GT an seinem spezifisch geformten Bugteil mit markanter Spoilerlippe und vergrößerten seitlichen Kühleinlässen. In der Seitenansicht dominierten das konturierte Carbondach und die schwarzen Radhausverbreiterungen zusammen mit den 22 Zoll großen GT-Design-Rädern. Die Heckansicht wurde durch eine ausgeprägte Diffusorblende aus Carbon abgerundet.

MACAN (95B I)

Macan

Erst Mitte 2016, also rund zwei Jahre nach der Markteinführung der Baureihe, rollte mit dem Macan auch das Basismodell des sportlichen SUVs zu den Händlern. Sein aufgeladener Reihenvierzylinder war mit bis zu zwei bar Ladedruck, Ladeluftkühlung, Benzin-Direkteinspritzung und variablen Steuerzeiten betont sportlich und effizient ausgelegt. 252 PS und ein maximales Drehmoment von 370 Nm reichten denn auch durchaus für sportliche Fahrleistungen, auch wenn er damit seinem Überholprestige laut auto motor und sport nicht immer gerecht werden konnte. Äußerlich unterschied er sich von seinen leistungsstärkeren Brüdern unter anderem durch mattschwarze Seitenscheibenleisten, schwarze Bremssättel hinter 18-Zoll-Rädern und die Abgasanlage mit zwei einzelnen Edelstahl-Endrohren. Ausgestattet war er ab Werk unter anderem mit Komfortsitzen, dem neuesten Porsche Communication Management (PCM), einem Spurhalteassistenten sowie einer automatischen Heckklappe.

Der Dreiliter-Turbodiesel im Macan S Diesel leistete 258 PS.

Macan S

Im April 2014 kam mit dem Macan ein kompaktes Sport Utility Vehicle von Porsche auf den Markt, das unterhalb des Cayenne angesiedelt war und auf der Plattform des Audi Q5 aus dem Modularen Längsbaukasten (MLB) des VW-Konzerns basierte. Auch als noch so kompaktes SUV nie wirklich Sportwagen, war der Macan seinerzeit dennoch das sportlichste SUV, das auf dem Markt zu haben war. Dazu trug auch die serienmäßig verbaute Siebengang-PDK bei, die einen extrem schnellen Gangwechsel ohne Zugkraftunterbrechung ermöglichte. Die neue Baureihe verfügte mit dem Porsche Traction Management (PTM) über das Allradkonzept aus dem 911 Carrera 4, das auf Knopfdruck in einen noch stärker traktionsorientierten Offroad-Modus wechselte. Dem gegenüber stand die ebenfalls serienmäßig in allen Macan-Modellen vorhandene Sport-Taste, mittels derer über die elektronische Motorsteuerung der sportliche Charakter des Triebwerks nochmals geschärft werden konnte.

Auch als Diesel hatte der Macan S keine Angst vor einem Ausflug ins Gelände.

Macan S Diesel

Als zweites von drei Modellen, die zur Markteinführung der Macan-Baureihe erschienen, rollte im Frühjahr 2014 der Macan S Diesel zu den Händlern. Befeuert wurde er von einem Dreiliter-Turbodiesel, der beachtliche 258 PS leistete und ein stolzes Drehmoment von 580 Nm auf die Kurbelwelle wuchtete. Zu haben war der S Diesel wie alle Macan mit drei Fahrwerksvarianten. Serienmäßig verfügte er über eine Stahlfederung, die porschetypisch bereits hohe Ansprüche an Komfort, Geländetauglichkeit und Performance erfüllte. Optional (im Macan Turbo Serie) konnte die Stahlfederung mit dem Porsche Active Suspension Management (PASM) kombiniert werden, einem elektronisch gesteuerten Stoßdämpfer-Verstellsystem. Und schließlich konnte der Macan als einziger unter den Kompakt-SUVs auf Wunsch auch mit einer Luftfederung geordert werden, die noch mehr Fahrspaß und Komfort unter allen Bedingungen garantierte.

Das Basismodell Macan erschien 2016 erst zwei Jahre nach Einführung der Baureihe.

Interieur des Basismodells Macan 2016.

Der Macan S schöpfte 340 PS aus seinem Dreiliter-V6-Biturbo.

Der Macan S war 2014 das erste Kompakt-SUV, das Porsche auf den Markt brachte.

Als GTS präsentierte Porsche den Macan Ende 2015.

Zwischen S und Turbo angesiedelt, war der Macan GTS ein besonders sportlicher Vertreter seiner Art.

Das Spitzenmodell unter den Macans gab es 2016 auch leistungsgesteigert mit einem Perfomance-Paket.

MACAN (95B I)

Macan GTS

Wie alle anderen Porsche-Modelle mit diesem Namenszusatz erhob auch der Macan GTS den Anspruch, ein besonders sportlicher Vertreter seiner Baureihe zu sein. 20 PS mehr Leistung als im Macan S, ein überarbeitetes Fahrwerk und verstärkte Bremsen waren die überzeugenden Argumente, mit denen er ab Ende 2015 diesen Anspruch untermauerte. Serienmäßig mit an Bord waren das Porsche-Doppelkupplungsgetriebe (PDK) sowie das Porsche Traction Management (PTM) mit flexibler Kraftverteilung zwischen Vorder- und Hinterachse. Ein sportlicher abgestimmtes PASM-Fahrwerk mit 15 Millimeter Tieferlegung gehörte ebenso zur GTS-Ausstattung wie die mattschwarz lackierten 20-Zoll-Räder und eine Sportabgasanlage. Im Interieur waren GTS-Sportsitze serienmäßig, außerdem war der GTS das erste Porsche-SUV mit dem neuen Porsche Communication Management (PCM) an Bord, das unter anderem in Verbindung mit dem optionalen Connect-Plus-Modul eine Online-Navigation mit Echtzeitverkehrsinformationen bot.

Macan Turbo

Als Spitzenmodell bei der Markteinführung des Macan trat im Frühjahr 2014 der Macan Turbo auf den Plan. Seinen Führungsanspruch untermauerte er mit 400 PS, die er aus seinem 3,6-Liter-Biturbo schöpfte und die ihn zumindest von den Fahrleistungen her tatsächlich zum »Sportwagen unter den Kompakt-SUV« machten. Eben diesen Sportwagencharakter betonte denn auch das gesamte Interieur der neuen Baureihe. Für ein SUV war die Sitzposition im Macan betont sportlich geraten, was zusammen mit einer stärker geneigten Lenksäule erheblich zu dem Gefühl beitrug, in einem Sportwagen zu sitzen. Die drei Rundinstrumente mit dem traditionell in der Mitte thronenden Drehzahlmesser im Cockpit sowie das serienmäßige Multifunktions-Sportlenkrad, dessen Design aus dem 918 Spyder stammte, vervollständigten diesen Eindruck. Im Herbst 2016 legte Porsche noch eine Schippe drauf und präsentierte einen auf 440 PS leistungsgesteigerten Macan Turbo mit Performance-Paket.

Interieur des Macan Turbo mit Performance-Paket.

Der Macan Turbo war schon 2014 bei Markteinführung der neuen Baureihe zu haben.

Interieur des Macan GTS.

MACAN (95B II)

Macan

Im Herbst 2018 kam nach einer ersten Modellpflege ein frischer Macan auf den Markt. Das Kompakt-SUV war in puncto Design, Komfort, Konnektivität und Fahrdynamik aufgewertet worden. Auf der Antriebsseite hatte der Zweiliter-Turbo-Benziner mit vier Zylindern eine neue Brennraumgeometrie und einen Ottopartikelfilter erhalten, dessen Leistung im Vergleich zum Vorgänger (völlig Porsche-untypisch) um sieben auf 245 PS gesunken war. Immerhin war das maximale Drehmoment mit 370 Nm gleich geblieben, auch der Wert für die Beschleunigung im Standardsprint war mit 6,7 Sekunden unverändert, die Höchstgeschwindigkeit hingegen gab Porsche jetzt mit »nur noch« 225 km/h an, beim Vorgänger waren es noch 229 km/h gewesen. Umfassend neu gestaltet präsentierte sich vor allem das Heck, das mit einem dreidimensional ausgearbeiteten LED-Leuchtenband ein charakteristisches Porsche-Designmerkmal erhalten hatte. LED-Technik war aber auch bei den Hauptscheinwerfern jetzt serienmäßig. Auffälligste Neuerungen im Innenraum waren der 10,9 Zoll große Touchscreen des neuen Porsche Communication Management (PCM), neu angeordnete und gestaltete Lüftungsdüsen und das aus dem 911 bekannte GT-Sportlenkrad. Das Angebot an Komfort-Ausstattungen zeigte sich unter anderem um einen Stauassistenten und eine beheizbare Frontscheibe erweitert.

Macan S

Ab Dezember 2018 war mit dem Macan S dann auch der stärkere Bruder des Macan-Basismodells bestellbar. Der verfügte über einen neuen Dreiliter-V6-Turbobenziner mit Ottopartikelfilter, der es auf 354 PS und auf ein maximales Drehmoment von 480 Nm brachte. Das entsprach einem Plus von 14 PS beziehungsweise 20 Nm im Vergleich zum Vorgängermodell. In der Beschleunigung von Null auf 100 km/h brachte dieses Leistungsplus eine Zeitersparnis von 0,1 Sekunden (5,3 s ohne, 5,1 s mit Sport-Chrono-Paket), die Höchstgeschwindigkeit lag unverändert bei 254 km/h. Das Fahrwerk des ab Werk mit dem Porsche Traction Management (PTM) ausgestatteten Macan S war nochmals optimiert worden, unter anderem reduzierten an der Vorderachse Federgabeln aus Aluminium statt wie bisher aus Stahl die ungefederten Massen. Noch weiter steigern ließ sich die Fahrwerksdynamik durch die optional erhältliche aktive Dämpferregelung Porsche Active Stability Management (PASM), die höhenverstellbare Luftfederung mit neuer Stoßdämpfer-Hydraulik sowie das Porsche Torque Vectoring Plus (PTV Plus). Und selbstverständlich wies der modellgepflegte Macan S ebenfalls alle Neuerungen an In- und Exterieur auf, die schon der modellgepflegte Basis-Macan mit sich gebracht hatte.

Interieur des neuen Macan mit dem serienmäßigen 10,9-Zoll-Touchscreen.

Unter der Abdeckung steckte im Macan S ein neuer Dreiliter-V6-Turbobenziner mit Ottopartikelfilter.

Ende 2018 kam auch der Macan S modellgepflegt auf den Markt.

Gründlich überarbeitet erschien im Herbst 2018 ein modellgepflegter Macan.

Neu war das dreidimensional ausgearbeitete Leuchtenband am Heck.

Der Macan S verfügte jetzt über 354 PS und erreichte eine Höchstgeschwindigkeit von 254 km/h.

Macan GTS nach der Modellpflege ab Ende 2019.

GTS-Typisch: Schwarze Design-Akzente am Exterieur.

Sportlich, edel, komfortabel: Interieur im Macan Turbo des Modelljahrs 2020.

MACAN (95B II)

Die bequemen Sportsitze im Macan GTS versprachen guten Seitenhalt.

Modellgepflegt setzte sich der Macan Turbo im Herbst 2019 wieder an die Spitze der Macan-Familie.

Macan GTS

Im Dezember 2019 konnten Kunden dann auch den zwischen S und Turbo angesiedelten Macan GTS mit seinem besonders sportlichen Anstrich in der modellgepflegten Version ordern. Sein 2,9-Liter-V6-Biturbo-Triebwerk leistete 380 PS – ein Plus von 20 PS gegenüber dem Vorgängermodell. Kombiniert mit dem neu abgestimmten Doppelkupplungsgetriebe PDK und dem optionalen Sport-Chrono-Paket spurtete der Macan GTS in 4,7 Sekunden von Null auf 100 km/h und war damit drei Zehntel schneller als zuvor. Die Höchstgeschwindigkeit war bei 261 km/h erreicht. Seinen betont sportlichen Charakter aber hatte der GTS vor allem entsprechenden Fahrdynamik-Qualitäten zu verdanken. Das um 15 Millimeter abgesenkte Fahrwerk konnte optional mit der adaptiven Luftfederung und weiteren zehn Millimetern Tieferlegung noch sportlicher getrimmt, die Verzögerung der serienmäßig verbauten, großzügig dimensionierten Graugussbremse durch das Ordern der Porsche Surface Coated Brake (PSCB) oder der Keramikbremse PCCB noch weiter verbessert werden. Optisch unterstrich der neue GTS seine Sportlichkeit durch das serienmäßige Sport-Design-Paket mit neuer Bug- und Heckverkleidung sowie markanten Seitenschwellern und zahlreiche in Schwarz gehaltene Akzente. Hochwertige Materialien wie Alcantara® oder gebürstetes Aluminium sorgten zusammen mit einem Multifunktions-Sportlenkrad und GTS-exklusiven Sportsitzen auch im Inneren für eine sportliche Anmutung.

Macan Turbo

Im Herbst 2019 kam der modellgepflegte Macan Turbo auf Markt. Sein neuer 2,9-Liter-Sechszylinder-Biturbomotor bot mit 440 PS im Vergleich zum Vorgänger zehn Prozent mehr Leistung aus 20 Prozent weniger Hubraum. Der Sprint aus dem Stand auf 100 km/h gelang mit dem optional erhältlichen Sport-Chrono-Paket in 4,3 Sekunden, drei Zehntel schneller als zuvor. Die Höchstgeschwindigkeit betrug 270 km/h (plus vier km/h). Serienmäßig verfügte der neue Macan Turbo über die leistungsfähige Porsche Surface Coated Brake (PSCB) mit Wolframcarbid-Beschichtung (und weiß lackierten Bremssätteln) als Teil des optimierten Fahrwerks. Äußerlich prägten den Macan Turbo neben den Design-Merkmalen der überarbeiteten Modellgeneration vor allem das turbospezifische Bugteil und der feststehende Dachspoiler im Doppelflügeldesign. Die serienmäßige Sportabgasanlage des Macan Turbo war an silbernen Doppelendrohren in eigenständigem Design erkennbar. Im Innenraum profitierten Fahrer und Passagiere vom aufgewerteten Interieur des Macan, wozu unter anderem adaptive 18-Wege-Sportsitze mit Komfort-Memory-Paket oder ein BOSE®-Surround-Sound-System mit 14 Lautsprechern und einer Gesamtleistung von 665 Watt gehörten.

Silberne Doppelendrohre in speziellem Design am Macan Turbo.

MACAN (95B III)

Macan

»Stärker, schärfer, sportlicher« sei der Macan laut einer Porsche-Mitteilung nach einer zweiten umfassenden Modellpflege geworden. Ab Anfang Oktober stand er bei den Händlern, und sein neu entwickelter, aufgeladener Zweiliter-Vierzylinder-Reihenmotor leistete mit 265 PS denn auch 20 PS mehr als sein Vorgänger. Damit gelang der Standardsprint in 6,2 Sekunden, die Höchstgeschwindigkeit betrug 232 km/h. In allen neuen Macans waren die Motoren wie schon bei den Vorgängern an das Doppelkupplungsgetriebe (PDK) mit sieben Gängen und das Allradsystem Porsche Traction Management (PTM) gekoppelt. Das Fahrwerk war weiter optimiert worden, ein modellspezifisch neu angepasstes Porsche Active Suspension Management (PASM) war beim Basis-Macan allerdings aufpreispflichtig. Auch optisch hatte Porsche den neuen nachgeschärft: Ein neu gestaltetes Bugteil mit einem Einleger in Exterieurfarbe sollte die Breite stärker betonen und den Eindruck vermitteln, der Macan stünde noch satter auf der Straße.

Macan S

Der neue Macan S, der nach der zweiten umfassenden Modellpflege zeitgleich mit dem Basis-Macan auf den Markt kam, fuhr nun mit einem V6-Biturbo mit 2,9 Litern Hubraum vor, der mit 280 jetzt 380 PS über 26 PS mehr verfügte als sein Vorgänger. Damit beschleunigte er in 4,6 Sekunden auf Tempo 100 und war bis zu 259 km/h schnell. Das mit modellspezifisch neu angepassten Dämpferkennlinien versehene Porsche Active Suspension Management (PASM) war serienmäßig an Bord und regelte die Dämpferkraft für jedes einzelne Rad aktiv und kontinuierlich. Die ab Werk montierten Räder des Macan S waren jetzt mindestens 20 Zoll groß. LED-Hauptscheinwerfer mit Porsche Dynamic Light System (PDLS) und Sport-Design-Außenspiegel waren jetzt bei allen Modellen Serie, im nochmals aufgewerteten Innenraum stach eine neu gestaltete Mittelkonsole mit Touch-Flächen statt herkömmlichen Schaltern ins Auge, aus der ein verkürzter Wählhebel ragte. Eine Analog-Uhr auf der Oberseite der Schalttafel gehörte nun zum Serienumfang.

Der im Herbst 2021 erschienene Macan mit Einleger in Wagenfarbe im Bugteil.

Auch im Macan S arbeitete nach der zweiten Modellpflege ein 2,9 Liter großer V6-Biturbo.

Interieur des Macan S mit der neu gestalteten Mittelkonsole.

Interieur der modellgepflegten Macans Ende 2021.

20 PS mehr als der Vorgänger: Nach der zweiten Modellpflege leistete der Motor im Basis-Macan 265 PS.

PASM und 20-Zoll-Räder waren bei Macan S jetzt Serie.

Ab Herbst 2021 war der jetzt 440 PS starke Macan GTS das Top-Modell der Baureihe.

Macan GTS mit GTS-Sport-Paket.

Ein sportlich-puristisches Fahrerlebnis sollte ab Frühjahr 2022 der neue Macan T bieten.

Interieur des Macan GTS im Modelljahr 2022.

Macan GTS

Mit der zweiten Modellpflege im Herbst 2021 war dem Macan GTS die Rolle des Topmodells der Baureihe zugewachsen. Als deren sportliches Aushängeschild war sein 2,9-Liter-V6-Biturbomotor jetzt um stolze 60 auf 440 PS erstarkt. In Verbindung mit dem Sport-Chrono-Paket reichte das, um den Standard-Sprint von Null auf 100 km/h in 4,3 Sekunden zu absolvieren, die Höchstgeschwindigkeit betrug 272 km/h. Neben dem PASM verfügte der GTS im Unterschied zu seinen schwächeren Brüdern serienmäßig auch über eine neue Sport-Luftfederung mit Tieferlegung der Karosserie um zehn Millimeter, ein optionales GTS-Sport-Paket enthielt zusätzlich 21-Zoll-GT-Design-Räder mit Performance-Reifen, Porsche Torque Vectoring Plus (PTV Plus) und das Sport-Chrono-Paket. GTS-typisch war neben den vielen in Schwarz gehaltenen Akzenten am Exterieur auch der Einleger im Bugteil schwarz und nicht in Wagenfarbe, am Heck fand sich unten jetzt ein markanter, besonders technisch gestalteter Diffusor. Im Innenraum waren unter anderem 18-Wege-Sportsitze, das Interieur-Paket Carbon, eine Race-Tex-Ausstattung mit erweiterten Lederumfängen und diversen Kontrastnähten sowie »GTS«-Schriftzüge in Pythongrün Bestandteile des optional erhältlichen GTS-Sport-Pakets.

Macan T

Im Frühjahr 2022 erhielt die Macan-Familie Zuwachs in Form des Macan T. Das »T« für »Touring« war bis dahin den Baureihen 911 und 718 vorbehalten gewesen, es stand für Modelle, die mit gezielter Abstimmung, exklusiver Ausstattung und schlanken Motoren ein besonders puristisches Fahr-Erlebnis bieten sollten. So verfügte der zwischen Macan und Macan S angesiedelte Macan T denn auch über den gleichen 265 PS starken Zweiliter-Turbo wie das Basis-Modell, dafür war das Sport-Chrono-Paket serienmäßig an Bord, mit dem die Beschleunigung von Null auf 100 km/h 0,2 Sekunden weniger Zeit brauchte als im Basis-Macan ohne das Paket. Exklusiv beim Macan T war das Stahlfahrwerk mit Porsche Active Suspension Management (PASM) serienmäßig mit einer Tieferlegung der Karosserie um 15 Millimeter kombiniert. Mit steiferen Stabilisatoren an der Vorderachse und einer optimierten Abstimmung ermöglichte es so ein besonders direktes Einlenkverhalten sowie ein agiles Handling. Darüber hinaus war eine adaptive Luftfederung mit PASM und weiteren 10 Millimetern Tieferlegung optional erhältlich. Optisch setzte sich der Macan T durch in Achatgraumetallic lackierte Elemente an Front, Flanke und Fahrzeugheck von anderen Macan-Modellen ab. Die Kontrastfarbe fand sich an der lackierten Bugblende, Außenspiegeln, Sideblades, Dachspoiler und den Schriftzügen am Heck.

Serienmäßig war die Karosserie des Macan T um 15 mm tiefergelegt.

Achatgraumetallic hieß die Farbe, die unter anderem am Außenspiegel des Macan T Akzente setzte.

MotorKlassik
MARKTPLATZ
»Ein Porsche 911 gehört in jeden guten Haushalt!«
Hans-Jörg Götzl
Chefredakteur
Motor Klassik
Fahrzeug: Porsche 911 SC, Baujahr 1982
www.motor-klassik.de

PORSCHE
Die legendären Modelle
€ 49,90
Hardcover Folder
ISBN 978-3-7822-1341-7
Bestellen Sie jetzt online unter
koehler-mittler-shop.de oder
telefonisch unter 040 70 70 80 322
PORSCHE
DIE LEGENDÄREN MODELLE
Abbildungen Marco De Fabianis Manferto · Texte Andrea Rapelli
Koehler
Koehler